Adventures in Engineering for Kids

给孩子的
城市设计
实验室

〔美〕布雷特·席尔克　著

曹　蕾　译

U0397708

华东师范大学出版社

·上海·

图书在版编目（CIP）数据

给孩子的城市设计实验室／（美）布雷特·席尔克著；曹蕾译 . —上海：华东师范大学出版社，2021

ISBN 978-7-5760-1548-5

Ⅰ.①给… Ⅱ.①布… ②曹… Ⅲ.①城市规划–少儿读物 Ⅳ.①TU984-49

中国版本图书馆CIP数据核字（2021）第084395号

上海市版权局著作权合同登记 图字：09-2020-461号

给孩子的实验室系列

给孩子的城市设计实验室

著　　者　（美）布雷特·席尔克
译　　者　曹　蕾
责任编辑　沈　岚
责任校对　刘伟敏　时东明
装帧设计　卢晓红　宋学宏

出版发行　华东师范大学出版社
社　　址　上海市中山北路3663号　邮编　200062
网　　址　www.ecnupress.com.cn
总　　机　021-60821666　行政传真　021-62572105
客服电话　021-62865537
门市(邮购)电话　021-62869887
地　　址　上海市中山北路3663号华东师范大学校内先锋路口
网　　店　http://hdsdcbs.tmall.com

印　刷　者　上海当纳利印刷有限公司
开　　本　889×1194　16开
印　　张　8.75
字　　数　184千字
版　　次　2022年9月第1版
印　　次　2022年9月第1次
书　　号　ISBN 978-7-5760-1548-5
定　　价　68.00元

出　版　人　王　焰

（如发现本版图书有印订质量问题，请寄回本社客服中心调换或电话021-62865537联系）

这本书写给那些曾被预言未来会如何的人。

不要相信别人对你的未来的论断。

朝着目标保持前进，你会成功！

如果没有限制，孩子们能创造出什么？

35个适合儿童的工程设计实验，

用设计思维解决七大社会问题挑战

目　录

七大社会问题挑战

启程！前往未来城-X

　　随着地球人口的快速增长，以及保护珍贵的自然资源的强烈需求，人类开始星际旅行。5年前，一群勇敢而富有冒险精神的人类离开了地球，踏上了前往新星球的定居之旅，新星球位于太空深处。

　　正如地球上早期现代文明时期的探险家一样，这些星际旅行者不可能带着他们定居新星球所需的所有东西。然而，他们带着工具以及新建城市所需要的知识。这些工具包括3D打印机、智能机械技术和先进的计算机系统。

　　定居者们已经有了建设新城市所需要的物资，但现在他们需要创造性的想法，使得这处新家园可以成为人类未来的最佳居所。

------------------ 来自未来城-X的任务 ------------------

发信人: 未来城-X的市长

亲爱的地球公民们:

　　我们已经到达了新家园，并开始建立第一个定居点——未来城-X。这是一段史诗般的旅程，是一段跨越银河系的旅程，也是一段让人类成为星际旅行者的旅程。

　　如今的未来城-X已经是一个相对舒适和适合人类居住的地方。我们已经开始建造一些我们需要的东西，但还有许多问题要应对。这些问题很像我们在地球上所面临的。但是，在未来城-X，我们有机会重新开始，从最初就以最好的方式设计我们的城市。

　　来自地球上的公民们，我们需要你们的帮助。我刚刚宣布在未来城-X成立一个新的机构——美好未来项目组。它由像你们一样来自地球的年轻人组成。你们将负责设计人类在未来城-X的未来。

　　我们有生产新事物所需的材料、3D打印机和强大的计算机系统等技术设备。但我们更需要你们，需要你们对未来的愿景、你们的想法、你们的创造力，以及你们为我们面临的这些问题所设计的解决方案。

　　在接下来传输的信息中，你们会获得解决这些问题所需的一切；你们将会遇到来自未来城-X的居民，他们正经历着七种不同的问题；你们需要了解我们正在面对的这些问题，同时成为"美好未来项目组"的工程师，我们将为你们提供所有的工具和知识。在你们的整个项目进展中，我将与你们同在，并在你们需要的时候伸出援手。

　　未来城-X的未来，也是人类的未来，它就在你们的手中。

------------------ 结束信息传输 ------------------

工程师简报

给来自地球的工程师们

▶ 你是谁？

你属于"美好未来项目组"，是来自地球的年轻工程师。你的使命是——在未来城–X里创造一个适合所有人的未来。

▶ 你要做什么？

工程师是解决问题的人。有时，我们认为工程师只是设计机器或飞机，但实际上他们在各种领域开展工作——工厂、科技公司、学校、政府等。对"工程师"这个职业的最佳解释是——他们是解决方案的设计者，帮助创造一个适合所有人的未来。

作为一名"美好未来项目组"的工程师，你将了解到未来城–X正在面临的问题，期待你做出更好的设计，为人类带来美好的未来。在这份"工程师简报"中，你将学到完成这些任务所需的方法和工具。

▶ 你要如何做？

本书包含了为未来城–X设计美好未来所需的全部信息和知识。每个单元对应居民正面临的七大问题挑战中的一个。为了更好地了解你将要处理的信息和任务，请认真、完整地研究这份"工程师简报"。

"美好未来"指的是什么？

如果有些东西是令人难以抗拒的，那意味着不可能有人不喜欢它。它是如此美好、积极和令人兴奋，几乎每个人都会喜欢它。本书中的"美好未来"就是指这种令人难以抗拒的未来景象，是我们迫不及待想要成为其中一员的未来。

如何设计美好未来？

在接下来的每个单元中，你都会发现一些知识和活动。通过它们，你将会更好地理解未来城–X正面临的问题，从而为未来城–X的美好未来设计出解决方案。你要为每一个问题设计出解决方案，共计7个解决方案。

▶ 基本信息

请仔细阅读这个部分，了解未来城–X的居民正面临的每个问题的基本信息。你还将学习关于该问题的3个核心要点，在为问题寻找解决方案时，需要将它们加入考虑。

▶ 用户调研

工程师在设计解决方案的时候，需要了解使用对象，这部分工作叫作"用户调研"。用户调研有多种形式。在应对每个问题时，你都将学习如何站在他人的立场进行思考。在每个单元的这个部分，你将了解来自未来城–X的5位居民的观点，你需要从这些居民中选择1位，根据他/她的情况来设计解决方案。

▶ 案例研究

案例研究部分包含了可以从中学习的案例故事。案例研究通常是关于某个人、某个想法、某个公司或某个大问题的内容。人们往往会透过案例来传达某个重要的经验教训、某种独特的思维方式、某个我们可能不知道的科学事实，或者如何使用某种新工具。本书包含了7个案例研究，每一个案例研究对应未来城–X的一个问题。仔细阅读并学习这些案例研究，在为未来城–X的未来设计解决方案的时候，尝试使用从案例研究中得到的启发。

▶ 设计流程

工程师们使用一种特殊的问题解决工具，称为"设计流程"，包含以下五类活动，也是五个阶段。

探索　　　　分析　　　　想象　　　　创造　　　　分享

在每个单元中，都会出现具有不同内容的五类活动，对应着设计流程的五个阶段。这些活动将帮助你理解问题，从而为未来城–X的未来设计出解决方案。

接下来，你将了解更多关于设计流程中每个阶段活动的要点。每完成一个活动，距离你成为一名正式的"美好未来项目组"的工程师就更近了一步。

设计流程

▸ 工程师们是如何设计解决方案的?

"设计流程"是工程师设计解决方案的工具之一。它是一套帮助我们理解问题、应对问题、找到更新更好的解决方案的流程。

运用设计流程的方式很多,因此命名方法也各有不同。这背后的原因是,人们一直在用设计流程解决问题。同时,伴随着人和社会的发展,人们发展出了不同的运用设计流程的方式。在你为未来城−X所面临的问题设计解决方案时,你将学会用7种不同的方式来实践设计流程的每个环节。

探索　　　　分析　　　　想象　　　　创造　　　　分享

思考问题的方式

在设计解决方案的时候,我们既希望能考虑到各种可能的想法,又希望得到针对问题的非常具体的解决方案。为了帮助我们做到这一点,要用不同的方式来思考。

发散:在思考问题的时候,有时候需要尽可能地打开思维,"跑"得越远越好。

聚焦:在思考问题的时候,有时候需要思考得很仔细,专注在当下对的事情上。

作为一名"美好未来项目组"的工程师,在设计解决方案时,你将需要同时掌握以上两种思维方式。

▶ "美好未来项目组"的设计流程

探索阶段的主要工作是对一个问题进行不同角度的解读。你将在这个阶段了解各个问题的基本信息、用户调研结果，并完成一些活动。这些都能帮助你更好地站在用户的角度看待问题。

探 索

收集所有的事实和观点

分析阶段的主要工作是对获得的信息进行处理。处理工作包括整理信息，找到有价值的信息，并决定如何利用它们。你将选择一位未来城–X的居民作为服务对象，为他/她设计解决方案。同时，作为一名工程师，你需要在此时设定一个具体的目标来指引接下来的工作。

分 析

整理并分析获得的知识和信息，
设定一个可以为之努力的目标

想象阶段的主要工作是着手设计解决方案，这一阶段充满了创造力！在想象问题的解决方案时，你需要遵循以下4个原则：

　1. 想法越多越好。
　2. 在别人想法的基础上进行改进。
　3. 鼓励大胆的想法，欢迎所有的想法。
　4. 不要借助机器人或应用程序来获得想法，那样就没意思了！

想 象

想出各种各样的创意

创造阶段的主要工作是创建模型（或者称为原型）并进行测试，以便获得其他人的反馈。在这个阶段，你能将想法变成现实，继而在已有的模型基础上改进得更好。

创 造

选择你最喜欢的想法，开始制作
和测试，使它变得更好

分享阶段的目的是向世界传达你的想法。在这个阶段，通过开展一些活动来帮助你完成如何讲好故事的任务。你要讲的故事包括：你正面临的问题、你的解决方案以及该解决方案对美好未来的影响。

分 享

向尽可能多的人分享你的
解决方案

工程师简报

　　作为一名"美好未来项目组"的工程师，你将为未来城−X的居民所面临的社会问题设计解决方案。未来城−X是人类首次在一个新星球上设立的定居点，居民们已经确定了他们在创建新城市时面临的七大社会问题挑战。对每一位新星球的居民，我们都会问出这样一个问题：

> **"如果我们能解决未来城−X面临的最大问题，**
> **设计出一个适合所有人的未来，**
> **那会是什么样的呢？"**

七大社会问题挑战

交 通

我们如何出行并运输货物

环 境

我们周围的一切，从空气、树木到建筑物

交 流

我们如何与他人保持联系

食 物

我们如何保持强健

健 康

我们如何远离疾病

能　源

我们如何让自己生活得高效又舒适

安　全

我们如何保护自己、朋友和身处的世界

▶ 测试一下你的知识储备

社会问题 VS. 个人问题

　　社会问题是指影响到很多人的问题，例如能影响到整个社区甚至整个地球的，是那些为了让每个人的生活更美好而需要被解决的重要问题。

　　个人问题是指只涉及特定的人的问题，这些问题对某个人来说可能很重要，但通常解决这些问题只能帮助到某个特定的人。

　　我们希望能用创造力来解决社会问题。以下这些问题中，哪些是社会问题？

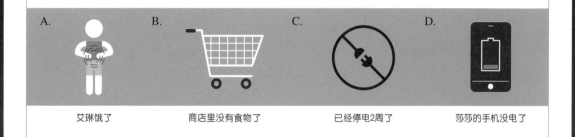

A. 艾琳饿了

B. 商店里没有食物了

C. 已经停电2周了

D. 莎莎的手机没电了

答案：B、C

工程师的准备工作

▶ 准备你的工具

每位工程师在开展设计工作前都需要准备以下两件物品：笔记本和笔

如果能备有一个特别的工具箱就更好了，它可以帮助你把想法变成现实。请一位你信任的成年人，尽可能多地帮助你收集以下物品，并记住它们的收纳位置，方便你在设计解决方案时可以尽快找到并使用。如果你找不到这些物品，也没关系，你可以使用已经拥有的物品。

为未来城–X的未来设计解决方案的准备工作马上就要完成了。你还记得到目前为止所学到的知识吗？回答完下面的问题，你就可以继续了。

1. 未来城–X的居民给你的任务是什么？

2. "美好未来项目组"设计流程的个阶段是什么？

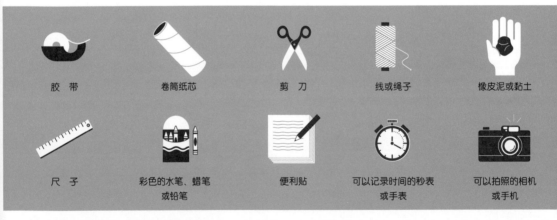

胶带　　　　卷筒纸芯　　　　剪刀　　　　线或绳子　　　　橡皮泥或黏土

尺子　　　彩色的水笔、蜡笔或铅笔　　　便利贴　　　可以记录时间的秒表或手表　　　可以拍照的相机或手机

你会在每个设计流程的活动中发现以上这些图标，每个图标都会对应一种工具。记住这些图标对应的工具，使用这些工具来完成相应的任务。

你也会在活动中看到以下这些图标，它们是关于如何完成活动的重要说明。

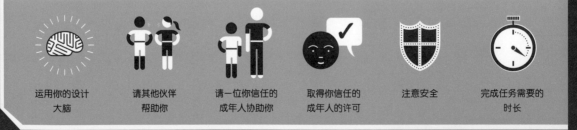

运用你的设计大脑　　　请其他伙伴帮助你　　　请一位你信任的成年人协助你　　　取得你信任的成年人的许可　　　注意安全　　　完成任务需要的时长

▸ 准备你的笔记本

笔记本是非常重要的工具，你将在上面保存所有关于未来城-X的笔记、创意和解决方案。选择一本页数超过50页的笔记本来使用。

① 让它成为你的专属笔记本

你可以按照自己的想法装饰你的笔记本，再写上你的名字。

② 在笔记本上整理你的想法

确保你的笔记是有序记录的。你将要应对七大问题，每个问题的解决过程都包含了五个阶段的活动。在笔记本上做好标记，例如贴上标签，以方便查找。在随后7个单元的每个活动中，都会给出如何使用笔记本的说明。

③ 确保笔记本的安全

你的创意对未来城-X的未来很重要。所以，请一定随身携带笔记本，及时地把脑海中出现的新想法写下来，还要把笔记本放置在安全的地方。

准 备 好 了 吗？

你的第一项挑战已经准备就位。请翻到下一页，作为"美好未来项目组"的工程师之一开始接受任务吧！

1 交 通

交通工具将我们从一个地方带到另一个地方。例如，我们骑自行车上街、坐汽车去探亲，或者乘坐火车、飞机前往一个新的城市。城市交通本身就存在诸多挑战，要在远离地球的新星球上建立新城市，对交通设计提出了更多的要求！作为未来城-X的居民，不仅需要考虑如何为新城市设计交通工具，还需要考虑可供交通的空间和新家园中可能出现的新型能源。

未来城-X的居民邀请你——"美好未来项目组"的工程师，在设计未来的交通时，主要考虑以下3个要点：

关于交通的基本信息

要点1: 速度

对于长途旅行来说，速度是很关键的。但是，如果陆路、海路，甚至是天空都存在障碍的话，想要保证速度就很难了。如何建造出既能走得快，又能避开沿途障碍的新型交通工具呢？

要点2: 效率

未来城-X的居民认为，新家园的交通应该比原来地球上的交通更有效。如何让交通工具消耗更少的能源，不会污染环境，同时还能让使用者尽可能便捷地到达目的地呢？

要点3: 便利性

未来城-X里有很多空地，所以大家居住得比较分散，有的居住地之间距离很远。居民们的年龄不一样，能力也不一样。如何设计出一个人人都能使用的交通系统，且不受使用者的年龄、所处位置、健康状况和财富状况的影响？

探索　　活动

沉浸式体验

现在，你已经了解了关于交通的基本信息，让我们来进一步理解它。作为一名解决方案的设计者，**探索阶段**的方法之一是让自己沉浸在挑战中，即沉浸式体验。

你现在所在的社区就存在各种交通工具。你对已经在使用的这些交通工具有多少了解呢？邀请一位你信任的成年人和你一起，花一些时间探索你所在的社区或城市，仔细记录下你所看到的交通工具。

准备工作

   30分钟

▶ 你需要的东西	▶ 实施步骤

❶ 在本次活动中，我们将采用简单的数据收集方法来记录资料。首先，请你想出尽可能多的交通工具类型。参考"准备工作"中的图标提示来帮助你开始本活动。

❷ 接下来，在笔记本上把想到的内容写下来（如右图）。如果需要的话，可以向你信任的成年人寻求帮助。在每个关键词之间留一些空间，以方便在空白处记录你接下来的观察。

① 探索你所在的社区

请一位你信任的成年人和你一起,在社区里散步或开车逛。在这个过程中,每当你看到某种之前想到并写下的交通工具,就在笔记本上的这个关键词旁做记号(如右图)。

② 做笔记

观察结束后,问自己以下几个问题,并在笔记本上做记录。

▶ 在你生活的地方,哪种交通工具最常见?

▶ 思考你看到的每一种交通工具,一次思考一种。它的速度快吗?效率高吗?使用方便吗?回顾本单元最开始的基本信息部分,回忆3个要点的内容。

▶ 在本次探索活动中,你使用了什么交通工具?这种交通工具有哪些问题?

反 思

通过本次探索活动,你对交通工具有了哪些新的了解?

请在笔记本上写下至少3条新信息。

用户调研：问卷调查

在思考类似交通这样的社会问题时，重要的是，不仅要从自己的角度思考问题，还要从别人的角度思考问题。

用户调研是设计解决方案的重要环节之一。这个环节可以帮助你建立对遇到问题的人的理解和共情。通过站在他们的立场去了解他们的感受，你可以更好地知道如何做出解决方案。我们对未来城–X的居民做了问卷调查，以了解他们对交通问题的看法。以下是部分调研结果，也包含了5位未来城–X居民的观点摘录。

调研结果

10名受访居民中有7名受访者 认为交通是未来城–X面临的重要挑战之一 	**48分钟** 是未来城–X居民的平均通勤时长 	**3人** 是未来城–X的平均家庭规模，同时每个人都需要相应的独立空间 

问卷调查

问卷调查是进行用户调研的一种方式，即向一群人提出一组问题，以了解他们对某一主题的观点或看法。调查的对象通常需要有"代表性"，即受调查者虽然只占人口中的少量，但是他们覆盖了整体人口的所有类型，能够代表所要调查的对象整体。未来城–X是聚集了地球上每一种主要文化的人口代表，所以这项问卷调查能够覆盖所有不同背景的人。

问卷调查可以在互联网上进行（互联网让问卷调查变得非常容易），也可以面对面进行。你要问每个人同样的问题，以确保你的结果是准确的。

问卷调查适用于：

1.快速地向很多人提问。

2.向由不同类型的人组成的一小群人进行提问，以此来了解一大群人的想法。

3.获取有关某些问题的数据，以及了解人们的意见。

用户调研：居民的观点

丽碧

"每天上班，我都要走20分钟才能到公交车站。"

奎恩

"我们家每个人的外出时间和目的地通常都不一样，怎么实现各自独立外出呢？"

泰特

"未来城-X 的交通实在太拥堵了。"

琼戈尔

"未来城-X 距离地球太远了，如果能经常见到地球上的家人就好了。"

马修

"我的孩子需要在没有陪伴的情况下独自去一些地方，但我认为目前的交通工具还不够方便和安全。"

你会选择为哪类未来城-X的居民设计解决方案？

作为"美好未来项目组"的工程师，你被邀请为未来城-X的某类居民设计解决方案，你会选择为谁而设计呢？

❶ 选择以上5位居民中的一位作为你设计的服务对象。

❷ 你觉得这位居民表达观点时的感受是怎样的？你可以从右边的词汇中勾选，也可以用自己想出来的词汇来描述。

愤怒的	悲伤的
忙碌的	困惑的
疲惫的	厌烦的
兴奋的	高兴的

提出一个 "如果式" 问题

分析阶段的主要工作是对获得的调研信息进行处理,包括整理信息,找到有价值的信息,并决定如何利用它们。在本次活动中,我们将练习如何写一个"如果式"问题。在后续单元的每个分析阶段,都会用到这项技能。

> **"如果式"问题将一个问题的表述转化成了某种可能性,它是对未来的一种大胆假设。**
>
> | 问题 | 可能性 |
> |---|---|
> | 是一种相对负面的表述,讲述的是当下的情况。 | 是一种相对积极的表述,讲述的是未来的情况。 |
>
> 当我们想到"问题"的时候,往往会陷入思考:这个问题有多大,或者争论——问题的起因是什么。
>
> 但是,当我们想到"可能性"时,就会兴奋地想到所有在未来可以实现的方法。
>
> 仅仅通过提问"如果世界变得不同,那会是什么样的呢?"我们就可以将一个"问题"转化成一种"可能性"。

在开始为你所服务的居民(在调研阶段选出的服务对象类型)解决问题之前,我们需要先把这个问题变成一种可能性。

准备工作

20分钟

▶ 你需要的东西	▶ 实施步骤
	❶ 仔细思考你所服务的那类居民所面临的问题。 ❷ 准备好将你的思考从"问题"角度转向"可能性"角度。

给孩子的城市设计实验室

① 考虑服务对象的未来

"如果式"问题不是你的服务对象当下所面临的问题，也不是你要创造的解决方案。它是对于未来世界的描述，在那样的世界里，你的服务对象将不再面临之前的问题。

② 反问自己：那样的未来会有什么不同？

那样的未来会是什么样的？如果你的服务对象不再面临之前的问题，那么，在那样的未来中，他或她的生活会有什么不同？

③ 写下"如果式"问题

接下来，试着用"如果……"的句式写下关于未来的问题。以下是其他"美好未来项目组"的工程师写的"如果式"问题：

· 如果任何人都可以接受教育，而不论他们住在哪里，那会是什么样的呢？

· 如果我们不需要去医院就能得到治疗，那会是什么样的呢？

· 如果我们的成长过程不会感到恐惧，那会是什么样的呢？

一个好的"如果式"问题应该能：

1. 为未来设定目标，同时描述了目标实现后的景象。

2. 激发出创意想法。

举 例

为了学会如何提出"如果式"问题，我们以"污染"为例子来思考一下。

> **问 题**
> "我们的世界因为污染而变得脏乱不堪。"

在谈论污染的时候，想到当今环境的恶劣现状，我们可能会感到悲伤。我们可能会争论什么是造成污染的原因，以及什么是解决污染的正确方法。

如何把这个问题转变成对可能性的描述，按照"如果……"的句式来撰写问题，就可以开始反问自己"如果世界变得不同，那会是什么样的呢？"然后，我们可以大胆地说出自己的想法。

> **可能性**
> "如果我们能为子孙后代提供干净的空气和水，那会是什么样的呢？"

写下你的"如果式"问题

把你的服务对象面临的问题转化为一种对可能性的描述。用你获得的所有新知识，写出你自己的"如果式"问题，分享你想到的关于未来城-X的未来交通状况的可能性。

观点的重要性

从不同的角度理解每一项社会问题是很重要的，所以每一项社会问题的解决过程都包含了用户调研的环节。当你能够站在别人的角度看问题，就会以新的方式看待问题。这样你就会更好地理解这些社会问题，从而想出更好的解决方案，服务更多的人。不过，重要的不仅仅是当事居民的观点，你自身的独特经历和观点也会对你如何理解这些社会问题产生重要的影响。

▸ 泰特的观点

在针对交通问题的用户调研中，你遇到了泰特。他分享了他的观点——"未来城-X的交通实在太拥堵了。"如果你也生活在一个大城市，也许你会很理解泰特的这个观点。

但是，如果你并没有生活在大城市，如果你不太理解"拥堵"的含义，怎么办？

▸ 来自伊克（位于美国阿拉斯加州）的观点

在名为"伊克"的小城镇里，住着一位年轻的"美好未来项目组"的工程师。她收到了来自泰特面临的交通挑战的任务。为了寻找有独特视角的伙伴加入未来城-X的团队，"美好未来项目组"的一个研究小组启程前往伊克。

这位来自小城镇伊克的工程师听到泰特的观点时，露出了奇怪的表情，她问道："什么是道路拥堵？"

"什么是道路拥堵？"

案例研究 /// 欢迎来到阿拉斯加的小城镇——伊克

一位未来城-X工程师的故事

　　伊克是一个约有300人的小城镇，位于美国阿拉斯加的苔原上。在那里，人们过着可持续的独立生活。这个镇子没有公路，也没有汽车，但人们通过各种各样的方式与世界保持着联系，包括当地的一所好学校、手机、迅捷的网络、交通繁忙的河流，还有飞往大城镇的小飞机。但在伊克并没有城市中常见的道路拥堵场景。因此，在伊克，道路拥堵的概念并不像世界其他地方那样自然地成为生活的一部分。

　　泰特继续向伊克当地的年轻工程师解释他遇到的问题。他说起满是汽车的道路，说起从一个地方移动到另一个地方是多么困难，并将其与伊克当地人可能经历过的其他事情进行比较。第一个做法没有用，但第二个做法很有效。

请思考

　　你会如何向别人解释一个他们从未经历过的问题？

解决方案

　　来自伊克的年轻工程师给出的回答让泰特感到意外。因为他认为准时到达目的地是很重要的事，与此相对，闲坐发呆则是一件不好的事。但是来自生活节奏更慢、更强调舒适的伊克当地人的观点却很不一样。这样的不同让泰特更理解了自己的观点。

　　写给泰特——"如果我们能在交通过程中利用好时间，那会是什么样的呢？"

　　伊克当地的年轻工程师给泰特提出了一个非常独特的"如果式"问题。从这位工程师的角度来看，关于交通拥堵的问题可以从如何利用时间来考虑。她想设计一个解决方案，帮助泰特利用交通过程中的时间来放松和享受乐趣。

收　获

　　关于一个问题，我们能够收集到的观点越多，就越能理解所面临的挑战的内涵，也越能理解自己对这个问题的观点所在。

空白页

想象阶段是一个非常有趣的部分。这个阶段的主要工作是产生大量的想法！为了让你的"如果式"问题变成现实，你会做什么设计？

对于设计解决方案和制造新事物来说，开始是最难的部分之一。我们都知道如何使用我们的想象力，但是每当我们意识到正在努力解决的是一些重要的问题时，我们就会开始怀疑自己。

即使对于成年人来说，盯着一张需要填写的空白页也会令人畏惧。在本次活动中，唯一能应对畏惧的方式就是——深呼吸，然后写下第一笔。

"这样做对吗？如果我搞砸了怎么办？人们会认为这是正确的方法吗？万一搞砸了呢？人们会喜欢这个主意吗？这是我能做到的最好的程度吗？我应该从哪里开始？"

准备工作

20分钟

▶ **你需要的东西**

▶ **实施步骤**

有时候，在我们开始做一些艰难的事情之前，和自己聊一聊会很有帮助。所以，在你开始想象未来城-X的未来交通之前，请这样做：

❶ 在笔记本的空白页上写下："我可以想象……"

❷ 尽可能大声地向世界喊出："我是工程师！美好未来由我来设计！"

我可以想象……

"我是工程师！美好未来由我来设计！"

记住自己的目标

回顾你的"如果式"问题，认真思考1分钟：

"怎样做才能让这个未来成为现实？"

然后发散你的思维去尽情地做梦、流浪、思考。

别停下！

 写下第一笔

将铅笔或记号笔的笔尖抵在纸张的中心位置，然后开始涂鸦。画什么都可以——一个字，一个形状，甚至一条长线。想到什么就写下什么。

当你想象时：

1. 想法越多越好。

2. 在别人想法的基础上进行改进。

3. 鼓励大胆的想法，欢迎所有的想法。

4. 不要借助机器人或应用程序来获得想法。那样就没意思了！

③ **让想法尽情流淌**

太棒了！ 这页不再是空白的了，所以现在我们不用再惧怕它了。试着用尽可能多的想法来填满这一页。你可以写，也可以画，用你喜欢的方式就好。设置一个5分钟的计时周期，在时间结束前，尽量用各种想法填满整个页面！

选出你最喜欢的想法

记住，后面有的是机会改进你的想法，现在只要选择一个当下最让你兴奋的想法就好！

在笔记本上圈出你最喜欢的想法。然后，一起准备把它变成现实吧！

创造  活动

持续改进

你已经选择了你认为最好的想法，是时候把它变成现实了。**创造阶段**由3部分组成：

1. 依据想法制作出模型。

2. 测试模型。

3. 持续地改进。

工程师的第一个想法永远不会是最终的那个。做一个新的东西意味着你必须做很多模型、提很多问题，因此，模型往往越简单越好。工程师会对他们的想法进行多次测试和修改，他们每次都会问别人如何让解决方案变得更好，这个持续改进的过程叫作"迭代"。

准备工作

  30分钟

▶ 你需要的东西	▶ 实施步骤
	❶ 在一张笔记本空白页的左侧画3个方框。 ❷ 在第一个和第二个方框旁，画1个加号、1个三角形和1个问号。 ❸ 在第三个方框旁留出空白区域。 在每个单元的创造活动中，只要你看到名为"持续改进"的活动，你都可以这么操作。 

① 为你的想法画一个模型

记住，模型越简单越好。因为你只是要用它解释自己的想法，所以要能轻易地改变它们。

为了应对交通这个社会问题，许多工程师和设计师都参与了进来。他们在设计模型的时候，会大量使用简单的草图，特别是在设计的开始阶段。这些草图没有颜色，没有细节，只有那些能帮助别人理解解决方案的形状。工程师们通过添加标签的方式来解释自己的想法是如何运作的。

在"持续改进"页面的第一个方框里画草图，表达自己的想法。

② 让你的想法变得更好

现在是时候测试你的想法了。找一些朋友或你信任的成年人，问他们是否愿意帮助你完善想法。用你的黑白草图来帮助他们理解你已有的想法，同时告诉他们以下3件事：

1. 你想要解决的问题是什么？
2. 你的"如果式"问题是什么？
3. 你的解决方案是什么？

在第一个方框旁，写下你从他们那里听到的反馈：

· 在加号旁，写下他们对你的想法的赞赏反馈。
· 在三角形旁，写下他们认为你的想法中应该改变的内容。
· 在问号旁，写下他们问你的问题，特别是你之前没有想过的问题。

③ 持续改进

思考你从别人那里得到的反馈，怎样才能让他们的建议和问题帮助你完善想法？

在第二个方框中，画出新的模型，它包含了你从别人那里得到的一些有帮助的反馈。

不断重复这个过程。

为你的解决方案命名

在笔记本页面底部的最后一个方框中，画上最后一个版本的模型。现在，是时候为它命名了！你会怎么称呼这个解决方案？将想好的名字写在方框的边上。

三幕式结构

现在，你的想法已经得到了测试和完善，是时候分享你的解决方案了。这样其他人就可以知道它将如何解决交通问题。**分享阶段**总是建立在我们通常说的 "三幕式结构" 基础之上。

这种讲述方式已经有几千年的历史。它可以帮助人们了解 "我们从哪里来" "要到哪里去" 以及 "如何到达那里"。最重要的是，它很简单！

准备工作

  30分钟

▶ 你需要的东西

▶ 实施步骤

❶ 将一张笔记本的空白页分为三部分。

❷ 在第一部分写下标题 "问题"。

❸ 在第二部分写下标题 "未来"。

❹ 在第三部分写下标题 "解决方案"。

在每个单元的分享活动中，只要你看到名为 "三幕式结构" 的活动，你都可以这么操作。

给孩子的城市设计实验室

你的服务对象和他/她的问题

回顾你最初的问题——你在为谁设计解决方案？他/她在未来城-X的感受和体验是什么？关于人的故事总是最好的故事，所以我们总是从人的角度来分享我们的想法。

将回答写在笔记本的"问题"部分。

 你的服务对象的未来

回顾你的"如果式"问题。通过设计这个解决方案，你将为未来城-X创造一个怎样的美好未来？如果你的解决方案实现了，未来会是什么样的？对你的服务对象来说，生活会有什么改变？

将回答写在笔记本的"未来"部分。

 你的服务对象和解决方案

现在想想你的服务对象将如何使用你的解决方案。解决方案看起来是什么样的？使用起来的感觉如何？它是否易于使用？它有什么特点？

将回答写在笔记本的"解决方案"部分。

讲出你的故事

借助以上笔记来讲述你的服务对象的故事，同时这也是你设计的解决方案的故事。为你的想法而自豪吧！

祝　贺

你帮助未来城-X创造了一个关于交通的美好未来。

2 环　境

环境问题关系着我们如何照顾周围的一切。我们常常认为环境只是指涵盖了水、树木、空气和动物的自然环境，但它其实也涵盖人工建造的环境，包括社区的建筑物、道路以及帮助我们生活的各种机器。未来城-X的居民有一个独特的机会，可以从零开始，提前规划，设计一个所有生物都可以健康生存的环境。同时，这也是一个为了子孙后代保护新家园的机会。如果是你，会如何帮助他们设计这样一个适合所有人的未来环境呢？

未来城-X的居民提醒你——"美好未来项目组"的工程师，在设计未来环境时，考虑以下3个要点：

关于环境的基本信息

要点1: 污染

污染对环境有很大的影响。我们在地球上的许多生产活动都会产生危害自然环境的化学物质、毒素以及垃圾。如何帮助未来城-X的居民做好各项工作，从而拥有一个清洁的未来环境？

要点2: 灾害

未来城-X的居民希望保护环境，但他们也需要在环境中被保护。像暴风雨、地震、火灾等灾害，是自然环境中的组成部分。如何帮助未来城-X的居民在未来的环境中安全地生活？

要点3: 人工建造的环境

人工建造出来的环境，例如道路、建筑和机器，也很重要。毕竟人们需要它们，并且生活中很多时间都在跟它们打交道。如何帮助未来城-X的居民建造一座城市，使它既能与自然和谐共处，又能在其中创造出健康和高品质的生活方式呢？

我的小天地

　　作为一名解决方案的设计者，探索的方法之一就是观察。当你观察时，你会看到一些东西，把它们认真地记录下来，你就能学到新的东西。因为我们要设计的是未来城-X的未来环境，所以，在接下来的这个活动中，我们将花些时间来观察周边的环境。让我们到外面去吧！

准备工作

3天，每天10分钟
（可以是不连续的3天）

▶ 你需要的东西	▶ 实施步骤

　　这个活动需要和你信任的成年人一起完成。你们将一起走到室外，找到一处"小天地"。在接下来的一段时间里，这将是专属于你们的观察点。你将通过仔细观察这个地方，进一步了解你所生活的环境。最简单的方式是选择一处离家近的地方，这样你就可以经常去并且很快到达那里。

　　你的观察点不需要是什么特别的地方。它可以是步道上的一块安静区域、街角的人行道、花园的一部分，或者其他任何地方！对观察点的要求只有以下几点：

❶ 在室外
❷ 靠近你经常活动的地方，方便你经常去
❸ 小到可以一目了然

　　如果因为任何原因你不能出门，那就找一处能从窗口向外看得清楚的地方，把它作为你的观察点。

① 观察你的小天地

在第一次去你的小天地时，请仔细观察它，你必须非常了解它。以下是你在小天地里需要思考的问题：

1. 在你的小天地里，你看到了哪些生命？有哪些动物？有哪些植物？有哪些人？

2. 那里干净吗？

3. 那里的天气怎么样？

4. 周围的环境如何？繁忙的还是安静的？

5. 它在哪里？在城市里还是在大自然中？

② 经常造访，看看它是如何变化的

在活动开始的第一周，请经常去你的小天地看看。你可以快速地完成每次的造访，停留几分钟就可以！但是，因为你想探索的是小天地的环境，所以你需要看到这处环境是如何随时间变化的。

③ 做笔记

每次去你的小天地时，请记下环境里的哪些地方发生了变化，哪些地方没有发生变化。对于这处小天地的环境，你都注意到了什么？同时请思考从未来城-X的居民那里了解到的观点。你是否看到了这处小天地正在面临的环境挑战？

反 思

在持续一周造访你的小天地之后，你可能会真的觉得这处小天地就是你的了。

在笔记本上，写下3件你以前没有发现的关于这处小天地的事情。

用户调研：投票

请记住，重要的是从更多元的角度来思考如何设计未来的环境。对于需要解决的问题，每个人都有自己的感受。

对未来城-X的居民进行了用户调研，结果揭示出很多居民对环境的看法。这些看法包括从他们角度出发对环境问题的感受，以及希望被解决的环境问题。为了进一步了解未来城-X的居民对环境的看法，我们对最重要的问题进行了投票，部分投票结果显示如下。同时，我们也从5位居民那里了解到了他们对未来环境的观点。

结　果

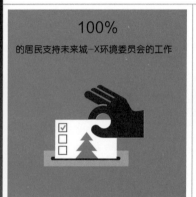

100%

的居民支持未来城-X环境委员会的工作

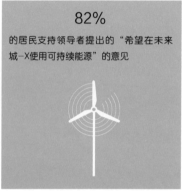

82%

的居民支持领导者提出的"希望在未来城-X使用可持续能源"的意见

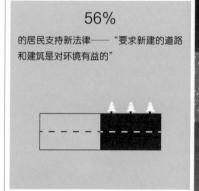

56%

的居民支持新法律——"要求新建的道路和建筑是对环境有益的"

投　票

投票是一种常见的用户调研方式，也是一种在地球上广泛用于帮助一大群人做出决定的工具。最理想的情况是，每一个受决定结果影响的人都可以参与投票。在领导人选举或法律法规的制定中，人们也经常使用投票。通常来说，投票遵循"少数服从多数"的原则，即多数人的决定将成为投票的结果。人们拥有不同的意见是常常会出现的情况，这意味着不是每个人都能通过投票得到自己想要的东西。

投票适用于：

1. 帮助每个人在决策中拥有发言权。

2. 做出影响一大群人的艰难选择。

3. 从几个明确的选项中做出选择。

用户调研：居民的观点

马里奥

"我们的建筑能否对自然更加友好？"

"未来城-X将会面临我们无法预料和应对的风暴灾害。"

凯西迪

阿塔莎

"希望我们的新家园不要被混凝土覆盖，这样我就能到处走走。"

"希望我的孩子可以呼吸干净的空气，喝干净的水。"

穆罕穆德

奥嘉

"未来城-X的自然环境还没有被人类侵扰。我们应该让它继续保持。"

你会选择为未来城-X的哪类居民设计解决方案？

作为"美好未来项目组"的工程师，你被邀请为未来城-X的某类居民设计解决方案，你会选择为谁而设计呢？

❶ 选择以上5位居民中的一位作为你设计的服务对象。

❷ 你觉得这位居民表达观点时的感受是怎样的？你可以从右边的词汇中勾选，也可以用自己想出来的词汇来描述。

充满希望的	有顾虑的
愤怒的	负责任的
具有保护性的	慎重的
有爱的	愚蠢的

不断提问 "为什么"

在进行综合分析时，我们需要认真思考。为了更深入地理解一个社会问题带来的挑战，通常会做的工作是整理已知的信息和提出好问题。其中最重要的问题是关于"为什么"的。

"为什么"的神奇之处在于，它是世界上唯一一个永远可以有答案的问题，无论你问多少次。因为，任何事情都是有原因的。

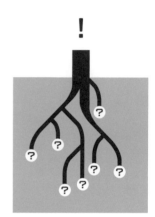

当你问"为什么"的次数足够多的时候，或许会发现，很难再找到下一个答案，或者同一个答案会不断出现。这就表明你已经找到了"问题根源"。我们知道，树根在不断地往泥土深处扎的过程中，会分裂成更小的分支，问题背后的原因也是类似的结构。对于解决问题来说，能够找到问题根源是很关键的！问题的根源也可以理解为问题的根本原因。在接下来的活动中，我们将通过一个游戏来练习如何寻找问题根源。

准备工作

10分钟

▶ 你需要的东西

▶ 实施步骤

"为什么"提问游戏玩起来很容易。你只需要一个问题、两个人、一些脑力和一些耐心。

❶ 找一位伙伴一起玩，最好是你可以信任的成年人。

❷ 请他/她帮助你更好地理解你所服务的居民所面临的问题。

❸ 当你找到了"问题根源"，就可以停止提问了。

① 和你的伙伴玩提问游戏

和你的伙伴分享你所服务的居民所面临的环境问题。用"为什么"作为开头来问他/她一个问题。

认真听你的伙伴给出的答案。

"未来城-X的交通实在太拥堵了。"

举 例

"你还记得怎么提问吗？举个例子，我们可以问'为什么我们会面临交通拥堵的问题呢？'"

② 多问几次"为什么"

剩下的步骤也很简单！只要持续多问几次"为什么"，直到你发现同一个答案不断出现，或者找不到更多的答案为止。当这种情况出现的时候，你就找到了"问题根源"。

③ 思考根本原因

通过这个游戏，你对你所服务的居民所面临的环境问题是否有了不同的想法？有时候只要多问几次"为什么"，我们就会发现问题背后没有注意过的部分，或者意识到问题是由意料之外的原因引起的。

分析阶段就是要知道想要解决的问题背后的根本原因，而提问可以帮助你找到它！

写下你的"如果式"问题

把将你的服务对象面临的问题转化为一种对可能性的描述。用你获得的所有新知识，写出你自己的"如果式"问题，分享你想到的关于未来城-X的未来环境状况的可能性。

仿生设计

工程师在设计解决方案的外观和运行方式的时候，经常会从周围的世界寻找灵感。他们会在观察人造物品的同时观察大自然。

▶ 解决方案是不是越复杂越好？

在尝试解决一个问题的时候，我们常常会有一种把解决方案变得更复杂的倾向——零件或者组成部分越多越好！但实际情况则是，简单的解决方案往往是最好的，简单的解决方案也更容易解释。简单的解决方案往往聚焦于一个问题的解决，而不是很多问题。

在案例研究环节，我们将一起探索生物仿生技术。它展示了自然界的一些简单的解决方案。看看它是如何启发现实世界中的工程师们去设计解决方案的。

> "仿生"的英文是"biomimicry"。其中，mimic是复制的意思；bio是生物（biological）的前缀，我们用"生物"指代自然界中发现的天然事物。所以，"生物仿生"的含义就是——复制自然！

案例研究 /// 飞行器

▶ 是鸟，也是飞机

在上一个单元中，我们学习了关于交通问题的知识。在地球上，我们使用飞机解决一部分的交通问题。如今，对我们来说，飞机已经司空见惯，因此很少有机会去进一步思考它的工作原理或机制。但是，你知道吗？早期工程师们设计飞机的灵感就来自鸟类。

在经历了大量失败的尝试后，人类终于掌握了鸟类飞行的科学原理。这些科学原理让人类的飞行变得容易了许多。看看今天的飞机，它们有一个"头"、两只"翅膀"，还有一个"尾巴"，这些部件和大自然为鸟儿翱翔天空设计的解决方案一样简单。

案例研究 /// 魔术贴发烧友

▶ 停不下来的魔术贴

你有没有穿过一种带粘扣带的鞋子？或者你有没有调整过棒球帽后面的粘扣带，让它更适合你的头围？如果是，那你就已经体验过生物仿生设计了！

20世纪40年代，瑞士的一位工程师带着他的狗去散步，发现有一些植物的芒刺非常牢固地粘在狗的毛皮上。他稍稍用力一拉就能把芒刺拔下来。但如果把芒刺放回狗身上，又会重新牢牢地粘在狗的毛皮上。

这位工程师小心翼翼地取下芒刺，在显微镜下进行观察。他发现芒刺表面有细小的倒钩，这些倒钩让芒刺能够结实地粘在动物的毛发上。芒刺的结构启发了他去完善现实中的粘贴设计，他想到或许可以将这种反复打开又合上的系统卖出去，这个系统既能将物品牢牢地粘住，又能让物品轻松地脱离。

这项创新技术被他命名为"魔术贴"，其英文名"Velcro"由两个法语单词组合而成——"velvet"（天鹅绒）和"hook"（钩子）。这项技术流传至今，被世界各地的人们用来粘贴物品。

案例研究 /// 针头

▶ 为医疗做贡献的蚊子

你有没有见过献血，或者经历过医生从你的身体里抽血做检查？对你来说，被针头戳可能是很可怕的经历，但它也是确保人们保持健康的重要方式。

过去，抽血是一件非常困难的事情，直到科学家们研究了自然界是如何做的，才让抽血变得轻而易举。

你有没有被蚊子咬过？蚊子喜欢吸血，它们有高效的针状口器可以刺破皮肤，从人以及动物身上吸血。被蚊子刺破皮肤的痛苦很小，有时你甚至不知道被蚊子咬了，直到你的皮肤开始发痒！

现代医疗针头的设计灵感就来自蚊子。这些针头不仅可以减少疼痛，还能够更有效地抽血。下次再听到蚊子在你头上"嗡嗡"作响的时候，你可以跟它说声"谢谢"。

收　获

设计解决方案的时候，请记住：简单中蕴含着美丽、自然中蕴含着力量。最基本的形状是创作的基石，我们可以从最基本的形状开始设计，并且从自然界中获得如何应对挑战的灵感。

 想象　活动

创意漫步

未来城-X的居民喜欢那些受到大自然启发的设计。正如你在案例研究中所学的，很多工程设计都将仿生设计作为一种创新的解决方案。通俗来说就是复制自然界里存在的问题解决方式。

在下面的活动中，我们将做一些稍微不同的事情。我们已经知道，魔术贴的发明源于一次散步时带来的意外发现。现在，我们将进行一次类似的散步。

准备工作

    20分钟

▶ 你需要的东西

▶ 快速学习点

你知道吗，在大自然里散步，不仅有助于身体健康，也有助于大脑更好地工作。有时候，我们没有刻意地去思考问题，却能得到最棒的想法。这是因为我们的大脑可以在我们意识的后台进行工作。也就是说，即使我们没有预期要启动大脑，它还是会和我们保持联系。

对于创意漫步而言，最重要的是放松，以及给到充足的时间。散步之前可以先做一些能帮助你放松下来的事情，例如听音乐、玩游戏、运动。然后，和一位你信任的成年人一起到室外走一段时间。

① 走出去

第一步很简单！只要出来走一走就可以了！无论你去哪儿，运动带来的能量都有助于激发大脑的创造力。不需要去到特别的地方，只要是室外就可以。当你在散步时，请四处看看，思考大自然是如何解决问题的。你是否看到了前面学过的关于仿生设计的案例？

② 记笔记

散步时，记得手里拿着笔记本和笔。想到什么就记下来，特别是那些和你要解决的问题相关的想法。

③ 头脑风暴

结束散步，回到室内后的第一件事是打开笔记本上空白的新页。

回想你所服务的居民所面临的问题和你对此提出的"如果式"问题。

在笔记本上写下尽可能多的想法，来解决那位居民的问题，让你的"如果式"问题成为现实。

记住以下这些头脑风暴的原则：

1. 想法越多越好。

2. 在别人想法的基础上进行改进！

3. 鼓励大胆的想法，欢迎所有的想法。

4. 不要借助机器人或应用程序来获得想法。那样就没意思了！

选出你最喜欢的想法

散步带给你哪些新想法？选出你最喜欢的想法，一起开始创造吧！

创造 活动

制作原型

你已经选出了最佳想法，现在是时候把它变成现实了！

我们从上一单元学习了创造可以从简单的模型开始，再不断迭代，也可以在持续改进的同时制作出多个版本的模型。

制作模型的另一种方法是制作一个基本的原型。原型通常是指某个事物的最初模样。制作原型只需要利用你周围就能找到的物品即可。在接下来的这个活动中，我们将利用已有的物品来制作一个原型。

准备工作

45分钟

▶ 你需要的东西

▶ 实施步骤

开始之前，请先准备好你的工具箱。如果不能找到上面清单列出来的物品也没关系，你可以使用能找到的替代物品！向你信任的成年人求助，请他们帮你找到可以安全使用的物品。

给孩子的城市设计实验室

① **想象原型**

    你脑海中的解决方案是什么样的。闭上眼睛，想象一下吧！然后，找找家里有哪些物品，能否用它们把解决方案的原型做出来。

    例如：假设你想造一枚火箭，你会用到哪些家里能找到的物品来做火箭的模型呢？

② **制作原型**

    使用工程师工具清单中的材料，为你的想法制作一个简单的原型。记住，这个原型不需要和你脑海中的想法一模一样，重要的是你可以用它向别人描述设计中最重要的部分。

③ **寻求反馈**

    向朋友或你信任的成年人分享你的原型，并询问他们的想法。在上一单元中，你已经学习了如何处理你得到的反馈。记得将反馈记录在笔记本中的同一页纸上。和之前一样，为每个版本的原型画出黑白草图，这样你就很清楚某个设计来源于哪个版本的想法。

④ **持续改进**

    在如何迭代这个部分，你已经是专家了。利用大家的反馈改进你的解决方案，做出一个新的原型。再次分享，获得反馈，做笔记，再一次改进你的解决方案。

为你的解决方案命名

    在笔记本页面底部的最后一个方框中，画出这个阶段的终极版本原型。现在是时候给它起个名字了！你会怎么称呼这个解决方案？在最后一个方框旁的空白处写上名字。

分享 活动

居民心中的美好未来

关于人的故事总是最有力量的。如果你能说清楚解决方案是如何工作的，那会很不错。但是，如果你能从所服务的居民的角度来讲述这个故事，说服力则会大大增强。这种方式也能确保你设计的是服务对象所向往的未来。

准备工作

30分钟

▶ 你需要的东西	▶ 实施步骤

　　在正式开始之前，先回顾你在这次挑战中做的笔记。回想你所服务的居民所面临的问题、你的"如果式"问题，以及你设计的解决方案。

① 让我们一起去未来吧!

让我们去未来参加这个活动吧!想象有这么一天,你设计出来的解决方案不仅被未来城-X采纳了,而且还被实际做出来成为了现实,那将是多么激动人心的一天!你让居民想象的美好未来成为了现实。

② 假设你就是服务对象本人

在讲述关于解决方案的故事时,假设你自己就是服务对象,也就是为之设计解决方案的对象本人。无论服务对象是男是女、年轻还是年长,把自己想象成他/她,对你进一步理解解决方案很有帮助。想象一下,服务对象可能长什么样,他/她会如何行动和交流。再进一步去想象他/她生活中的其他部分,建议多考虑一些细节,例如:他/她在做什么?他/她的家庭是什么样的?

当你这样做了,你就会在讲故事的时候成为他/她。

③ 讲述你所服务的居民的故事

基于你的服务对象在用户调研中传达出的信息,你设计了一个能实现他/她愿望的解决方案。最后,记得使用前面学习到的"三幕式结构"的方法来分享:

自从收到了解决方案(请记住,现在你自己就是解决方案的服务对象,也就是那位居民本人!),我的生活发生了哪些变化?在未来城-X,我是如何使用这个解决方案的。

把故事写下来,或者讲给亲朋好友听。分享很重要,它会让世界看见你的才华。

祝 贺

你帮助未来城-X创造了一个关于环境的美好未来。

美好未来
项目组

3 交 流

交流是指我们如何与他人保持联系。我们可以利用沟通工具与朋友交谈，与家人分享好消息，开展学习、经营业务，以及和更多人分享重要信息。沟通工具又被称为通讯工具，提到它或许你会想到打电话、写信、发送电子邮件或短信，以及面对面地与人交谈等。想象一下，在另一个星球上的沟通会有怎样的不同。为了帮助未来城-X的居民与城市里的其他人保持联系，同时也与他们在地球上的朋友和家人沟通，你会如何设计交流方式呢？

未来城-X的居民邀请你——"美好未来项目组"的工程师，在设计未来的交流方式时，主要考虑以下3个要点：

关于交流的基本信息

要点1: 媒介

交流媒介是指我们沟通的方式，比如大声说话或写作。通常，新的交流媒介可以帮助我们更清晰、更快速或更廉价地进行沟通。**如何帮助未来城-X的居民在他们的新生活中更好地相互交流？**

要点2: 现场感

距离地球太远是未来城-X的居民所面临的巨大交流挑战之一。交流的一个重要部分就是现场感，这意味着沟通的双方都能感受到彼此的存在、彼此的情绪。**如何帮助未来城-X的居民感受到与远方亲人的联系和同在感？**

要点3: 语言

未来城-X的居民来自地球的各个角落，他们使用多种语言，但都生活在同一个地方，关于未来交流的解决方案需要适用于所有人。**如何帮助未来城-X的居民拥有一个没有语言障碍的未来？**

探索  活动

"我在想什么"游戏

　　为了探索交流的真正含义，先回顾你与他人交流的所有方式，你会用到说话、做手势、扮鬼脸等各种行为。在与他人交流时，我们做的每一件事都是为了让对方更好地理解我们。

　　如果你要交流一些复杂的东西，但是交流方式受到限制，你会怎么做？在接下来的这个活动中，我们将尝试让别人理解我们脑海中的想法。

准备工作

20分钟

▶ 你需要的东西

▶ 实施步骤

"我在想什么"游戏玩起来很简单。

❶ 找一个伙伴一起玩。你可以和同在一个房间里的人一起玩，也可以找个人和你一起用电话玩。

❷ 你和伙伴都需要一张纸和一些绘画材料。

❸ 如果你和伙伴在同一个房间里，你们可以背靠背坐着，这样就看不到对方的纸了。如果你们用打电话的方式玩，确保从视频电话的镜头里看不到对方的纸。

① 在纸上画一幅画

先在自己的纸上画一幅画。它可以是你想到的任意物品，但要使用基本的形状（如正方形、三角形、圆形、星星和心形）来画出它。想玩得开心，可以有点创意！

▶ 确保你的伙伴看不到你在画什么！

② 向伙伴描述你的画

现在轮到你的伙伴了！请他复制出你创作的画，但是他不能看到这幅画，只能根据你的语言描述来画。

"画一个正方形，然后在里面放上8个小方块，再在中间增加一个垂直的长方形，最后在上面放一个三角形。"

▶ 你可以用与基本形状相关的词汇来描述你的画。

③ 比　较

你的伙伴画得怎么样？和你的画一样吗？有什么不同？

观察你和伙伴各自画的画，然后把它们保存在你的笔记本中。

反　思

如果我们不能使用所有我们知道的交流方式，沟通就会变得很困难。

当你和伙伴在沟通画面时，你有什么感受？你学到了哪些以前不知道的交流方式？

用户调研: 写信

你认为未来城–X的居民对未来的交流方式有什么看法？未来城–X里的人很多，他们都有不同的经历和观点。

城市里的居民来自不同的文化，说着不同的语言，有着非常不同的交流方式。因此，我们选择了一种可以请他们分享更多观点细节的用户调研方法——写信。我们邀请未来城–X的居民通过写一封信来讲述他们对交流方式的看法，以及他们对于美好的未来交流方式的观点。以下是我们了解到的整体情况，以及5位未来城–X居民来信的节选。

结　果

253 位居民

通过写信的方式向用户调研小组分享了他们对未来的交流方式的观点

6 种语言

出现在这些信件上

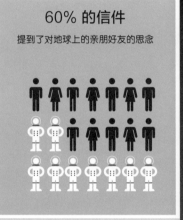

60% 的信件

提到了对地球上的亲朋好友的思念

写　信

写信是用户调研的一种方式，有利于向人们了解更多关于感受的信息。人们写信需要花费更多的时间，同时也能借此分享更多的信息，并且更好地了解自己对某些问题的观点。通常，人们会采用写信的方式和领导者分享意见。当人们面临的问题难以处理或者可能带有强烈的情绪时，使用写信的方式往往更有用。

写信的优势在于：

1.分享很多关于情感和观点的细节。

2.处理带有强烈情绪或比较复杂的问题。

3.进行关于复杂需求而非简单选择需求的用户研究。

用户调研：居民的观点

妮塔

"在未来城–X，我刚有了一个小宝宝，他不用说话我就知道他需要什么。如果我们所有成人之间的交流也可以不依靠语言就能进行，那会是怎样的呢？"

劳里塔

"我丈夫在宇宙飞船上工作，我很少有机会能见到他。"

莎莎

"我希望在创造我们城市的未来时，未来城–X里的每一个人都有发言权。"

埃米特

"未来城–X里的人说这么多种语言。我们怎么才能互相交流呢？"

艾哈迈德

"我不喜欢用地球上的手机和各种应用程序。难道我们不看屏幕就不能交流了吗？"

你将为未来城–X的哪类居民设计解决方案？

作为"美好未来项目组"的工程师，你被邀请为未来城–X的某类居民设计解决方案，你会选择为谁而设计呢？

❶ 选择以上5位居民中的一位作为你设计的服务对象。

❷ 你觉得这位居民表达观点时的感受是怎样的？你可以从右边的词汇中勾选，也可以用自己想出来的词汇来描述。

尴尬的	无助的
愤怒的	不开心的
烦躁的	充满担忧的
充满希望的	忧心忡忡的

分析　活动

绘制问题地图

在试图理解复杂的问题时，绘制一张地图可能会有帮助。接下来，我们将练习一种用地图组织信息的方法，并用它为未来城–X的未来交流方式提出一个"如果式"问题。

准备工作

30分钟

▶ **你需要的东西**

▶ **实施步骤**

❶ 再次阅读你所服务的居民的观点，回顾他/她正面临的来自交流方式的挑战。

❷ 思考关于交流方式问题的3个要点。

❸ 问问自己，你所服务的这位居民在这3个要点上的体验是如何的。

① 陈述问题

先在笔记本上找一张空白页。在纸的中央写上你关心的那位居民的问题，再围着问题画上一个方框。

② 思考造成问题的原因

方框上方是你对造成问题的原因的思考。想一想问题背后的原因有哪些？是什么让问题发生？写出你能想到的所有的原因，并围着每个原因画上一个圆圈，再用一条线连接方框和圆圈。

▶ 如果你想不出原因，可以尝试玩一下上一单元学过的不断提问"为什么"的游戏！

③ 思考问题造成的影响

在方框下方写上你对这个问题造成的影响的思考：

· 这个问题对你所服务的居民的生活有什么影响？

· 这个问题给你所服务的居民的日常生活带来了哪些改变、哪些挑战？

· 造成挑战的原因是什么？

写出你能想到的理由，并围着每个理由画上一个圆圈，再用一条线连接方框和圆圈。

写下你的"如果式"问题

把你的服务对象面临的问题转化为一种对可能性的描述。用你获得的所有新知识，写出你自己的"如果式"问题，分享你想到的未来城-X的未来交流方式的可能性。

意外的创新

你有没有想过，人是怎么想出新点子的？我们常常会有一种感觉，就是所有可能想到的点子都已经被别人想过了。

▶ 我们可以从哪里找到新点子？

古往今来，人们解决问题常常是用别人用过的办法，或者是从书本、周围人或者经验中习得的"知识"。我们常常忘记了这样一个事实——宇宙中充满了未被解释和未知的事物，也忘记了问题的答案可能会让我们很震惊。

▶ 意外的创新

意外可能会带来最棒的创新！意外可以有很多种形式，比如当你试图做对某件事，结果却完全做错了；或者一些意料之外的事情发生时，你发现了一条以为不存在的新路径。在接下来的3个案例研究中，你将了解到意外如何促成了一些事情发生。

想一想

上一次当你不得不解决一个难题是在什么时候？你做了什么？你向别人求助了吗？你用互联网找答案了吗？还是你想出了一个全新的方法来解决它，一个从没有人用过的方法？

案例研究 /// 青霉素

青霉素是20世纪医学史上最重要的发现之一。它是一种被称为抗生素的药物，这意味着它可以杀死让人生病的细菌。事实上，它也是人类历史上被发现的第一种抗生素，治疗了数以百万计的人。如果没有它，这些人可能会死亡。但它的发现完全来源于一个意外！

发现青霉素的科学家当时正在研究如何杀死导致我们生病的另一种细菌。研究过程中，他离开实验室去度假了两周。度假前，他把一个装有正在生长的细菌的实验器皿放在了实验室的台面上。于是，空气中飘浮着的一点霉菌落在了实验器皿里。

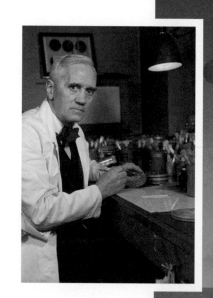

两周后，他度假结束回到实验室。这时，他惊讶地发现，实验器皿中的细菌在一点点死去，而里面的霉菌却在不停地繁殖生长。天哪！飘浮在空气中的霉菌原来是一种强大的抗生素！

在那之前，他从未想过要找到治疗大量细菌性疾病的方法，但他却因为这个意外找到了！想象一下，如果他走之前记得把那个实验器皿收起来，今天的世界可能会有什么不同！

案例研究 /// 培乐多彩泥

你玩过可以做出不同造型的培乐多彩泥吗？这个人人都喜欢挤压、塑形、弯曲的玩具本来并不是玩具。发明它的公司其实是想做一款壁纸清洁剂！遗憾的是，它被发明出来后不能用作清洁剂。有一天，有人偶然看到了它，意识到它作为一款完全不同的产品——也就是玩具的潜力。在添加了漂亮的颜色和香味之后，它成为了许多人童年的一部分。

这一切都是因为一次意外的创新！

案例研究 /// 掉在地板上的甜品

玛斯莫·泊图拉（Massimo Bottura）是世界上最棒的厨师之一。他在意大利经营的餐厅也是世界上最棒的餐厅之一。该餐厅的菜品中最著名的或许是一道名为"哎呀！柠檬馅饼掉地上了"的甜点。形如其名，它看起来就像掉在了地上一样！

这个创新发生在厨房里。当时有位厨师正在做蛋挞，不小心把蛋挞弄翻在盘子里。蛋挞碎了，汁液在盘子上溅开。泊图拉看到后，不但没有生气地换掉这道甜品，反而认为它很完美。他认为错误总是会发生，这并没关系。

现在，人们已经爱上了这道甜品，这个故事也流传了下来。

我们都会犯错，这并没有什么关系！只希望他厨房里的大厨们不要受此启发开始不断摔东西！

收　获

错误是学习的一部分，也是生活的一部分。有时，它会帮助我们找到从未想到过的点子和解决方法。

大胆猜想

警告！通讯被干扰！

在前往新星球的路上，你所服务的居民收到了另一位"美好未来项目组"工程师发来的解决方案。

由于通讯被干扰，有部分信息没能顺利接收到。

这会不会是一个带来创新机会和全新解决方案的意外呢？

准备工作

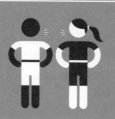

20分钟

▶ 你需要的东西	▶ 实施步骤
	在笔记本的一张空白页上，从上到下写1-10的序号。 受到通讯干扰的信息出现在下一页，上面少了好几个字！居民们认为自己知道少的是什么字，但实际上他们并不知道。 记住想象时的两个重要规则，能不能把这个意外变成一次伟大的创新，就看你的了！ ❶ 在别人想法的基础上进行改进！ ❷ 鼓励大胆的想法，欢迎所有的想法！

① 填 空

▶ **先别看通讯的内容！我们先来了解一下可以用哪些词语进行填空。**

先在笔记本的一张空白页上列一个清单，从上到下写1-10的序号。在数字序号后面写上下表中对应的内容。不管你想到了什么，把第一个联想到的内容写上去。

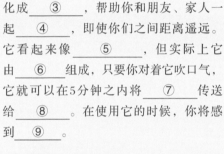

1. 一种机器
2. 一种你用语言进行交流的方式
3. 一个动作（人们用肢体做出来的）
4. 家人会一起做的事情
5. 你喜欢的动物
6. 你喜欢的形状
7. 一件你可以分享的东西
8. 一位家庭成员
9. 一种感觉
10. 一个数字

② 读出新信息

现在，阅读下面这则受到通讯干扰的信息，在每个空白处使用你写出来的词语进行填空。在下列信息上，将你写在序号1旁的词语填在标1的空白处。对每个数字序号都这样处理。

受到通讯干扰的信息

我设计了一个帮助你解决交流问题的方案，希望对你有用！

这是个____①____，可以把____②____转化成____③____，帮助你和朋友、家人一起____④____，即使你们之间距离遥远。它看起来像____⑤____，但实际上它由____⑥____组成，只要你对着它吹口气，它就可以在5分钟之内将____⑦____传送给____⑧____。在使用它的时候，你将感到____⑨____。

你应该制作____⑩____个，这样你就可以和所有的亲朋好友一起交流了。

你已经有想法了

这听起来像个好想法吗？还是个愚蠢的想法？不管是哪一种，都没关系！记住，意外和疯狂的想法都有助于创新解决方案。它将成为你为服务对象设计的解决方案，你可以在得到反馈后对它进行修改和完善。

创造　　　　　活动

绘制想法蓝图

现在你已经有了一个疯狂的想法！是时候把它变成现实了！

向别人解释我们脑海中的想法从来都不容易。想象一下，你会如何说清楚梦寐以求的房子，或者类似电话、汽车这一类物品的所有零部件。问问自己，为了让别人能够制造出这些东西，我们需要什么？

这时候我们需要的是蓝图，也就是我们画的草图或模型，它涵盖我们想法的所有内容。蓝图通常包括以下几个部分：物体的基本形状和轮廓，帮助别人了解它外观的各种细节，以及帮助别人理解那些难以描绘清楚的部分的标签。

准备工作

30分钟

▶ 你需要的东西	▶ 实施步骤

❶ 在页面的中央位置，从上到下画一条直线。

❷ 在页面的左侧画3个方框。标记第一个方框为"正面"，标记第二个方框为"侧面"，标记第三个方框为"顶部"。

① 练　习

　　先试着画一个简单的蓝图：马里奥有一个很喜欢的毛绒熊。我们要如何绘制小熊的蓝图呢？（A）

　　首先闭上眼睛，想一想这个物体是什么样的，从正面、侧面、顶部看上去会是什么样。（B）

　　每当你从一个新的视角去想象，把你想到的画面画出来，用基本的形状表现即可，不需要很精确。（C）

　　然后添加补充说明的标签，例如物体的大小或某些部位的作用。（D）

A.

B.

② 为解决方案绘制蓝图

　　现在，是时候试着绘制你自己的蓝图了！为你设想的解决方案绘制一张蓝图吧！

1. 重读一遍填入了词语的受干扰信息，一边读一边试着在脑海中想象它的样子。你的解决方案看起来是什么样的？从正面、侧面、顶部看，分别是什么样的？

2. 从以上3个视角，分别为你的解决方案画一张蓝图。

3. 用添加标签的方式说明尺寸和你想要解释的细节部分。

C.

③ 持续改进

你已经做得很棒了！接下来：

1. 与你信任的人分享蓝图，同时一边解释蓝图，一边征求他们的反馈意见。

2. 记录他们喜欢的部分、不喜欢的部分，以及他们提出的问题。

3. 重复步骤1和步骤2。

你学到了什么，你将如何改进你的想法？

D.

为你的解决方案命名

　　在页面底部的最后一个方框中，画出你设计的模型的最后一个版本。现在，是时候给它起个名字了！你会怎么称呼你的解决方案呢？在最后一个方框旁写上名字。

希尔

30.5厘米

分享  活动

故事板

现在，是时候分享你的解决方案了，以帮助人们了解这个解决方案将如何帮助他们，以及如何使用它。分享的方法之一就是制作一个"故事板"。

故事板是一系列的图画，画的是一个个故事。这些故事将解释解决方案的组成部分。在制作故事板时，通常需要你把人物画进去，并展示他们的感受和他们正在做的事情。这样做可以有助于其他人更好地理解你的故事，并产生代入感。

如果不会画画怎么办？

每个人都会画火柴人！故事板的绘制并不需要很复杂。事实上，研究表明，类似火柴人这样的简笔画就可以很好地分享信息和设想。因为这些火柴人不像任何人，反而可以更具有代表性！人们很容易将画中出现的火柴人想象成自己。

准备工作

20分钟

▶ 你需要的东西

▶ 实施步骤

在笔记本上准备3张空白页来完成这个活动。

❶ 在第一页的顶部，写上"问题"。

❷ 在第二页的顶部，写上"解决方案"。

❸ 在第三页的顶部，写上"未来"。

① 描绘问题

　　在第一页上，画出你所服务的未来城–X的居民所遇到的问题——他/她在做什么？他/她的感受是什么？记住，要在画中表现出他/她的情绪！

② 描绘解决方案

　　在第二页上，画出你的服务对象使用你设计的解决方案的场景——这个解决方案看起来是什么样的？他/她使用的感受会如何？

③ 描绘未来

　　在你设计的解决方案中，你的服务对象的美好未来是什么样的？由于你的解决方案，他/她生活会有什么不同？请描绘在第三页上。

　　使用以上这些故事板来帮助你分享自己的故事。展示并解释每张图片中的内容，与世界分享你的未来图景。

祝 贺

你帮助未来城–X创造了一个关于交流的美好未来。

4 食 物

每个人都喜欢**食物**！食物是我们生活中非常重要的一部分，它让我们的身体保持健康和强壮，它也是连结我们与其他人的纽带。同时，它更是我们文化和历史的一部分。地球上大部分食物都来自农场。我们吃饲养的动物和种植的植物，也会对它们进行再加工，做成新食物。每个人都需要不同的食物，也有不同的喜好。有些人还会对一些食物过敏。未来城–X没有专门用于居民食物供给的大农场或工厂，但仍然要养活一大群人。大家出于健康考虑还会对食物有不同的需求。你会如何帮助设计未来城–X的食物呢？

未来城–X的居民邀请你——"美好未来项目组"的工程师，在设计未来的食物时，主要考虑以下3个要点：

关于食物的基本信息

要点1: 农业

你见过那种在土地上饲养动物和种植食物的农场吗？它就是农业的代表。未来城–X的土地和地球上的土地不一样，居民们不清楚在新家园饲养出来的动物和种出来的植物中，哪些是可以安全食用的。**如何让未来城–X的食物生产过程变得安全呢？**

要点2: 营养

均衡饮食对健康很重要，但每个人都是独一无二的，我们需要吃不同种类和不同数量的食物，以此来保持健康和强壮。**如何给新家园的每个人提供合适的营养呢？**

要点3: 人口

像地球一样，未来城–X也面临着人口快速增长的社会挑战。只有确保食物供应和原材料能够跟上，才能养活这个新星球上不断增长的人口。**如何给新家园的每个人及时生产出足够的健康食品呢？**

共情地图

要理解食物带来的挑战，其实很简单！我们都知道饥饿的感觉、吃到不喜欢的食物的感觉，或者在异乡吃到不熟悉的食物的感觉。或许你还知道吃下那些可能让你生病的食物是什么感觉。还有可能，你需要吃一些特殊的食物来保持健康。

在这个活动中，我们需要多思考这些经历。

准备工作

30分钟

▶ 你需要的东西	▶ 实施步骤
	在上一单元中，我们学习了如何绘制问题地图，借此思考问题的原因和影响。在这一单元中，我们要继续练习这个技能，但会用一种不同的方式。 针对未来城-X的食物供应情况，我们已经有了一定的了解，接下来要绘制一张共情地图。这张图的样式有点像问题地图，但它的内容是关于感受的。

① 选择一个你遇到过的问题

回想你生活中经历过的各种食物，例如家里的、学校里的、度假时的，或者朋友家的。关于食物，你有遇到过什么样的问题？

像上一单元一样，把你遇到的这个问题写在笔记本的一张空白页的中央位置，再围着它用一个方框框起来。

现在，从方框的四个角出发各画一条线，一共画4条线。参考右边这张图，给你画的4条线分别做上标记。

② 回顾这段经历

闭上眼睛想一想，在这段经历中，你遇到的食物问题是怎样的？可以通过思考以下4件事来帮助你回忆：

1. 你说了什么？

2. 你做了什么？

3. 你想了什么？

4. 你有什么感受？

③ 完成网状图

在方框的4个角上，分别写下你遇到这个问题时的感受、想法、做了什么和说了什么。通过这样做，我们可以更好地理解那些正在面临食物问题的人群。

反 思

在笔记本上写下通过这个活动你学到的关于食物问题的3件事，这些事是你以前不知道的。

用户调研：街头访问

食物是一种奇妙的东西。它不仅能帮助我们健康强壮，还能让我们感到快乐，甚至连结人与人。想一想，通常你和新朋友做的第一件事是什么？没错，正是分享食物！

因为食物是每个人都乐于谈论的话题，所以"美好未来项目组"的调研团队走上未来城-X的街头，访问人们对城市食物的看法。通过几个简单的问题，调研团队让所有人都能轻松谈论自己对未来的想法和期待。以下是研究小组了解到的最重要的信息，包括5位居民代表的观点。经过他们的许可，我们将这些信息在此分享给你。

结　果

45 名	**5 种饮食类型**	**50%**
在未来城-X大街上遇到的居民都表示，自从来到新家园，他们担心这里是否有足够的食物	在调研人员问人们如何保持健康时，被广泛提及和描述	的被采访者都表示正在考虑在来年开始尝试自己种植食物

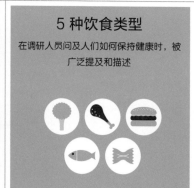
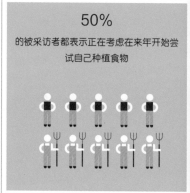

街头访问

当你想用一种非正式的方式了解人们的想法时，街头访问是一种很好的用户调研工具。只需要围绕话题设计几个简单思考就能回答的问题即可。接下来，你走上街头，询问来往的居民，他们是否愿意帮助你回答几个简单的关于手头正在研究的问题。很多人可能因为着急赶路拒绝接受访问，但那些停下来的人会很乐意与你交谈。

街头访问适用于：

1. 围绕轻松话题展开的简单问题。

2. 以非正式的方式学习他人经验。

3. 在自己感觉安全舒适的地方进行研究。

奥古斯丁

"未来城-X的白天相当短，光照不足，没法种植农作物。"

"我家每个人吃不同的食物，我希望都能帮助他们保持健康。"

赛拉

扎瓦迪

"我们需要考虑未来四代人，那时未来城-X的人口肯定增长了很多倍。"

"我真的很怀念地球上的食物，在这里我们做不出来。"

伊田

阿努拉达

"我们怎样才能种植出适量的食物？没有饥饿，也没有浪费！"

你将为未来城-X的哪类居民设计解决方案?

作为"美好未来项目组"的工程师，你被邀请为未来城-X的某类居民设计解决方案，你会选择为谁而设计呢?

❶ 选择以上5位居民中的一位作为你设计的服务对象。

❷ 你觉得这位居民表达观点时的感受是怎样的? 你可以从右边的词汇中勾选，也可以用自己想出来的词汇来描述。

感恩的	紧张的
惊恐的	和蔼的
脾气暴躁的	缺乏耐心的
慷慨的	苛刻的

4P清单

到目前为止，你已经学习了很多关于食物问题的知识。现在要花点时间分析这些学到的知识，仔细思考你的服务对象所遇到的问题。

在接下来的这个活动中，你将提升作为一名工程师的技能。为了更好地理解要应对的挑战，你将开始提出更深层次的问题——围绕你的服务对象所遇到的问题，拆分出4个要素。

准备工作

30分钟

▶ 你需要的东西

▶ 实施步骤

在笔记本的一张空白页上，分隔出四个空间。每个空间的标题如下：

· 部件（Parts）

· 模式（Patterns）

· 问题（Problems）

· 人（People）

给孩子的城市设计实验室

① 理解组成部分

部件、模式、问题和人是构成某个问题的4个要素，或者说它们是这个问题更小的组成部分。每个问题都可以这样再去拆分。

部件是指问题中涉及的事物——包括对象、想法、结构。例如，部件可以是像泥土、植物和太阳（环境单元）或车辆、燃料和距离（交通单元）这样的事物。

模式是指问题中涉及的行为。这个概念比较抽象，我们以环境单元为例加以说明，环境单元中的模式是"人们扔掉可回收的塑料"或"汽车污染空气"，这些都是会导致问题反复发生的行为或事情。

问题是指那些真正难以解决的事情。例如，环境单元中的一个问题是"我们如何储存来自太阳的能量"。这需要大量的研究和科技来支持。

人是指像你我这样的个体，以及卷入问题中的未来城-X的居民。例如，在环境单元中，人包括农民、市长、卡车司机和动物。（在这里，把动物也归入"人"的部分）

② 你的服务对象所面临的问题由哪些要素组成？

现在回想你的服务对象所遇到的问题，在你的笔记本上列出它的4个要素。仔细思考每一个要素，这样你才能更好地理解他们所面临的问题。

③ 问题中最容易突破的要素是什么？

看一看你列出的4个要素（4P），哪一个或哪两个看起来是你解决问题的最佳突破口。你可以从最感兴趣的部分入手。如果想要冒险，你也可以选择从最具挑战性的部分入手。

写下你的"如果式"问题

把你的服务对象面临的问题转化为一种对可能性的描述。用你获得的所有新知识，写出你自己的"如果式"问题，分享你想到的关于未来城-X的未来食物状况的可能性。

建设新家园

人类远离地球并在未来城-X定居的构想，听起来像是科幻小说中的情节，但实际上它距离现实并不遥远！现在，就有很多人在努力探索外太空，帮助人类成为星际旅行者。未来你很可能会去其他星球工作！

▶ 为什么要离开地球？

人类一直都只生活在一个星球上——那就是地球。然而，众所周知，随着人口的增长，地球上有限的自然资源和空间逐渐显得捉襟见肘。大多数研究预测地球可以支持的人口极限大约是100亿人。你知道现在地球上的人口数量是多少吗？

即便不去其他星球定居，为了维持在地球生活，我们可能也需要从其他星球获取原材料和各种帮助。

▶ 为什么离开地球是一件艰难的事?

离开地球是非常困难的! 首先, 宇宙非常大。就书写这篇文章时的太空旅行技术而言, 仅仅是去月球旅行就需要几天时间。而距离我们最近的太阳系边缘可能是这个距离的一亿多倍! 可以想象太空探索有多难。

速度: 太空探索面临的一个工程技术挑战是——寻找新型的推进器。推动力是使物体移动的动力, 在自行车上, 你的脚提供了推动力; 在汽车上, 发动机提供了推动力。为了探索太空, 我们需要为航天器找到能提供更快速度的推进器。

货物: 前往太空探索时, 携带东西会变得很难。在航天器发射的过程中, 我们放进航天器的所有东西都会使它变得更重、更慢。因此, 太空探索面临的另一个工程技术挑战是——在太空中制造需要的物品, 而不是带着它们。

健康: 长时间的太空旅行会对人的健康带来挑战。假设你在进行一次时长仅为三个月的太空旅行, 这个过程中不能吃你最喜欢的食物, 生病也不能看医生。请问, 在不能去超市的情况下, 你将如何获得食物? 如何让人类在太空中保持健康, 是太空探索面临的工程技术难题之一。

▶ 3D打印

在未来城–X的建设中可能会用到的一项技术是3D打印, 在人类探索宇宙的过程中, 3D打印同样也能发挥作用。3D打印是一种随时随地制作出需要的物品的方法。你只要把设计稿发送到3D打印机上就可以了。

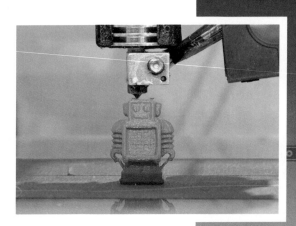

（接后页）

建设新家园

案例研究 /// 太空制造

▶ **如果我们可以在太空中造东西，那会是怎样的呢？**

　　"太空制造"（Made in Space）是一家公司，研制出了第一款可用于太空的制造设备。这家成立于2010年的公司致力于"帮助人类离开地球，定居新星球"，并发明了第一台可以在零重力环境下工作的3D打印机。2014年，他们生产了有史以来第一件在离开地球的状态下制造出的物体——宇航员在国际空间站工作时用的扳手。他们没有把扳手送到飞船上，而是把扳手设计图通过电子邮件发给了宇航员。宇航员利用太空中的3D打印机将扳手打印了出来。如今，3D打印机已经在太空中制造出了很多东西，而且技术还在不断进步。

　　做扳手只是个开始，如果要在太空中制造生活或工作可能需要的大型物资呢？"太空制造"公司的Archinaut项目是人类在外太空的第一项巨型建筑建造实验。项目要应对的第一项挑战是制造一个具有3D打印功能的机械臂，首先它要能围绕地球运行，并实现边移动边建造的功能，根据计划未来将使用它制造出一颗直径约1公里（0.6英里）的卫星。

　　"太空制造"公司在创造新型太空建筑方式的同时，也在帮助人类想象用于宇宙探索的新型推进器。他们的RAMA项目就在探索这个想法。该项目计划将一台3D打印机送到小行星上降落。降落后，这台打印机会在小行星周围制造出一个航天器，再利用小行星的推进力来实现移动！如果实验成功，仅仅需要一个小小的引擎器就可以轻易改变小行星的行驶路径，从而让这个"行星航天器"前往任何目的地。

反 思

如果可以在太空中建造一个巨型的基础设施，你想建造什么？你希望它有什么功能？

案例研究 /// 美国航空航天局（NASA）

随着人类对太空探索的深入，如何在太空中保持健康成为了一项重要的挑战。考虑到要载人飞往火星，美国航空航天局已经开始研究航行中制造食物的新方法。他们的实验之一是制造一台3D打印机，用它为宇航员制作食物。这些打印机不是使用塑料或金属材料来打印，而是使用营养物质来打印！这将使得航天器上的每个人都能制作出符合自己营养需求的食物，而且单个营养素的保存时间将比事先准备好的或干燥的食物更长。第一个实验的原型是一台会做披萨的3D打印机！

如果你有一台可以定制食物的3D打印机，你想让它做什么？作为一名工程师，你希望它能做哪些事情？

收 获

有时候，那些听起来像是科幻小说里才有的东西，其实是真实存在的！世界的变化速度比我们想象的要快，所以，不受限地去畅想未来吧！

想象　　　活动

相互关联的问题

　　未来城–X面临的很多问题都是相互关联的。例如，交通和环境关系密切，健康和安全也关系密切。想一想，你生活中可能面临的其他问题，它们之间是否也相互关联？

　　在这个活动中，针对你的服务对象所面临的问题，我们将提出一些想法，并在这些想法之间建立联系，以便产生更多优秀的解决方案。

准备工作

30分钟

▶ 你需要的东西	▶ 实施步骤
	地图，地图，地图！我们已经学习了"问题地图"和"共情地图"。现在我们要制作一张新地图——思维导图。 　　像前两张地图一样，先把核心问题写在一张笔记本空白页的中间位置。这次写下的核心问题是你的服务对象所面临问题的"如果式"表述。

① 先写下4个想法

如何让你的"如果式"问题成为现实？围绕你的核心问题，先写出4种想法。

② 再深入一步

接下来，基于已有的4种方案，逐一问自己——"这个解决方案是否可以用来解决未来城-X面临的其他问题？""如果对它们稍做改变，会怎么样？"

围绕每种解决方案，思考如何优化想法，以便可以用它来同时解决多个问题。

③ 绘图连结

仔细阅读所有的想法。在任何相似的想法之间或者可以结合使用的想法之间画线连接。是否有一个最让你兴奋的想法浮现了出来？是否有一个想法可以一次性解决多个问题？

选择你最喜欢的想法

你想到了什么新点子？选择你最喜欢的想法，准备好去创造吧！

创造　　　　活动

黏土建模

对于如何解决你的服务对象所面临的食物问题，你的脑海中已经有一个伟大的想法。现在，让我们把这个想法从大脑中释放出来，让它走向世界吧！

在之前的单元中，你已经学习了"意外的创新"。其中一个意外就是培乐多彩泥！那么，不妨让手脏一点点，用这个意外的创新来模拟你的解决方案吧！

准备工作

45分钟

▶ **你需要的东西**　　　　▶ **实施步骤**

确保你在一个干净、干燥的地方开始工作。如果没有培乐多彩泥，可以使用任意一种能够塑形的黏土！

① 用黏土塑形

　　一起用黏土来制作出解决方案的模型吧！使用黏土的好处是，它很容易被塑形成我们想要的样子。你可以用它来表现几乎任何形状，还可以使用多种颜色来区分不同的部位。

　　你知道吗？制造汽车和其他大型机器的工程师也经常使用黏土来完成他们的初版模型，因为它很容易被塑形成接近你真实想法的样子。

② 和其他人分享

　　用模型向其他人阐述你的解决方案，并请他们就你的创作提出问题和反馈。作为一名被训练过的"美好未来项目组"的工程师，请务必做好记录。

"这是我的解决方案，它是……"

③ 持续改进

　　回过头来，根据别人的反馈对模型进行修改。然后再次分享并重复这个过程！

　　在完成最后一个版本的模型之后，妥善保存它，后面还会用到的。

为你的解决方案命名

　　是时候为你的解决方案命名了！你想给它起个什么名字呢？在持续改进页面的最后一个方框旁写下名字。

4

食物

创造活动

分享 ———— 活动

电视广告

当工程师想出真正的好点子时，他们非常希望别人能知道。否则，没人会知道这个绝妙的解决方案的存在！

在设计师和工程师群体中，最流行的分享方式之一是商业广告，就像你在电视节目中看到的广告那样。

商业广告的时间通常很短，只有30秒左右。广告将着重突出解决方案中最重要的功能，还要能激发出人们的情绪。

在这个活动中，你需要思考如何通过制作短短30秒的广告，来说服别人使用自己的解决方案。

准备工作

30分钟

▶ 你需要的东西

▶ 实施步骤

在这个活动中，要先准备好你的黏土模型。商业广告通常都会展示人们使用解决方案的画面，这样人们就很容易理解解决方案是什么以及如何使用它。你的模型恰好可以派上这个用场。

关于什么是故事的重要组成，如果你忘记了，可以回想单元1中的"三幕式结构"方法。它可以帮助你思考所有可能想要分享的内容。

① 确定演员

作为发明者，你可以分享你的创造，还可以把它表演出来——假装自己是未来城-X的居民，正在使用自己设计的解决方案。你还可以请朋友一起参与广告出镜。不过，你需要告诉他们该怎么做。

② 确定分享内容的核心

你的广告只有30秒，所以思考一下——什么是你要分享的最重要的事情？你一定要表达的内容是什么？解决方案的名称很重要，同时也一定要说明它解决了什么问题，以及它是如何工作的。

③ 确定分享带来的感受

你希望广告激发出人们什么感受？例如令人快乐的、令人兴奋的或让人感觉体贴的？

④ 撰写广告脚本

你可以把要说的台词写成广告脚本。如果广告中出镜的人不止你一个，也请为其他人准备好台词。想想每个人要说什么，确保你分享的是解决方案中最重要的内容，以便让观众按照你设想的方式去感受这则广告。

⑤ 实际表演一次

你可以为朋友或家人表演你的广告，或者只是表演给自己看！如果你愿意的话，可以邀请你信任的成年人帮你拍摄下来，这样你就可以像看电视上的真广告那样反复观看它！

祝 贺

你帮助未来城-X创造了关于食物的美好未来。

5 健　康

为了创造适合每个人的未来，对**健康**的考虑不可或缺。如果遭遇生病或受伤，我们就不能上学或工作，甚至无法和家人在一起，也不能玩得开心！在地球上保持健康意味着能吃上优质的食物，生病的时候能吃上药或做检查，该休息的时候能休息并享受生活。未来城-X里还没有建成医院和诊所，如果有人需要特定药品，也很难及时得到，因为从地球运送到新星球需要时间。为了帮助未来城-X创造出一个考虑到居民健康各个环节的美好未来，你会如何做呢？

未来城-X的居民邀请你——"美好未来项目组"的工程师，在设计未来的健康时，考虑以下3个要点：

关于健康的基本信息

要点1: 预防

避免生病对我们的健康是有利的。我们知道如何在地球上避免细菌、感染和受伤。但在未来城-X，疾病的预防保护工作尚未开始。**如何帮助未来城-X的居民积极做好生病和受伤的预防工作呢？**

要点2:治疗

生病时，我们都希望能尽快恢复和避免生病带来的身体伤害。制药所需的植物和化学物质是新星球上暂时还没有的。**如何帮助未来城-X的居民治疗他们患上的疾病呢？**

要点3: 情感

有时候，我们很容易知道自己受伤或生病了，比如你被割伤了，或者你的胃不舒服了。但其他时候，我们的健康是看不见的，比如情感或心灵受到伤害时。**如何帮助未来城-X的居民在看不见的部分也保持健康呢？**

探索　　活动

我的生活故事

几乎所有人都能够理解关于健康的问题。人类经常生病或受伤，有时可能非常严重。在接下来的这个活动中，我们将思考自己的、家人的以及朋友们的健康。

准备工作

20分钟

▶ **你需要的东西**

▶ **实施步骤**

为了完成这个活动，要先准备好笔记本。在关于食物的单元中，你学习了思考问题的不同方式。在思考健康问题时，你将再次实践这一方式。这次你不仅需要考虑自己，还要询问健康问题是如何影响其他人的。

❶ 将一页纸分成三个部分，分别写下"想了什么""有什么感受""做了什么"三个标题。

❷ 现在，从上往下在页面上分隔出两列，分别写下两列的标题——"我"和"你"。

1 **回忆上一次生病或受伤时的情景**

　　试着回忆上一次生病或受伤的情景。你还记得当时发生了什么吗？在"我"的那一列，写下或画下上次生病或受伤时的想法、感受以及在做的事情。

2 **询问身边的成年人或朋友**

　　第二步，和一位生病时陪伴在你身边的成年人或朋友谈一谈。他们也许是你的父母、老师或玩伴。问他们同样的问题，试着了解在经历你的健康问题时，他们的所思所想。

3 **记录你了解到的内容**

　　关于你生病或受伤时的情况，你的伙伴告诉了你什么？在"你"的那一列把它们写下来或画下来。想一想，他们经历的和你经历的有什么不同。他们的感受和你的感受分别是怎样的？

反　思

　　在笔记本上写下你学到的关于健康问题的3件事情，这些事情是你以前没有想到的。

用户调研：走访服务点

如果你问一群人他们是如何保持健康的，你可能会得到很多不同的答案。每个人都有自己的保持健康的方式，每个人也都有保持身心健康的需要。

在这次用户调研中，"美好未来项目组"的调研团队希望人们在被提问之前就已经开始思考健康问题。所以，他们来到了未来城-X的小型健康服务点。在这里，居民们可以进行锻炼，也可以从护士那里获得基础的健康检查。团队选择这种深入服务点的调研方式，不只是为了知道居民们对健康的看法，也是想知道为了人们的健康，未来城-X已经做了哪些工作。以下是部分调研结果以及来自部分居民的观点。

结　果

72 位居民

平均每天都会来健康服务点接受
治疗或锻炼

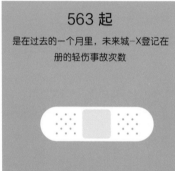

563 起

是在过去的一个月里，未来城-X登记在
册的轻伤事故次数

超过4个月

是健康服务点能确保提供基本药品和用品
供应的时间周期

走访服务点

当你想了解一种制度或人们已有的经验时，去服务点走访是一种很好的调查方式。如果你想了解地球上的健康措施，你会去哪里了解呢？可能是去医生办公室或医院。在那里，你可以找到帮助我们保持健康的人，以及遇到有健康问题的人。在那里，你可以得到问题的答案，你还有机会看到问题，以及发现现有的解决方案是如何运行的。

走访服务点适用于：

1. 一次性从不同的角度理解一个问题。

2. 当你在观察人们与系统的互动方式时，不仅可以了解在场的人，也可以收集到那些不在现场的人的信息。

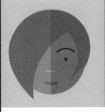

尤卡

"我来健康服务点是因为不小心割伤了自己，但如果我受了重伤该怎么办？"

"我喜欢探索未来城-X的自然环境，希望在探索时能确保自己的安全。"

阿西姆

莱拉

"我很难过，因为在未来城-X的大多数时间，我都只能待在室内。"

"我的朋友吃了不知名的食物中毒了，病了一个星期。"

达拉娜

克瓦米

"我是未来城-X的一名足球队教练，我不希望球员们受伤。"

你将为未来城-X的哪类居民设计解决方案?

作为"美好未来项目组"的工程师，你被邀请为未来城-X的某类居民设计解决方案，你会选择为谁而设计呢？

❶ 选择以上5位居民中的一位作为你设计的服务对象。

❷ 你觉得这位居民表达观点时的感受是怎样的？你可以从右边的词汇中做勾选，也可以用自己想出来的词汇来描述。

虚弱的	恼火的
平和的	挑剔的
不确定的	惊恐的
受伤的	敏感的

像医生一样思考

医生和护士每天都需要认真思考各类健康问题，他们最重要的工作就是帮助每个人保持健康。在你为未来城-X的健康问题设计解决方案时，像医生一样思考可能会有所帮助！在接下来的这个活动中，你将学习使用医生和护士实际在用的工具，它将有助于你思考病人面临的健康问题。同时，在为你的服务对象设计解决方案时，你也会使用到这套工具。

准备工作

30分钟

▶ 你需要的东西

▶ 实施步骤

在接下来的活动中，你将学习使用一个名为"SBAR"的工具。它的每个字母都代表一个单词，每个单词都是解决病人所面临的问题的重要组成部分。

统一使用SBAR可以确保每个照顾病人的人都能完全理解问题，也清楚将要执行的计划。接下来，让我们理解SBAR代表的意思吧！

S代表情况（situation），是指针对问题的一个非常简单、清晰的陈述。

B代表背景（background），是指为了清楚当下情况而需要知道的任何重要信息。

A代表评估（assessment），是指对背景和情况进行充分的思考，从而确保能够理解问题的根本原因。

R代表回应（response），是指将如何处理这个问题。

请为接下来的深入思考准备好笔记本。

① 思考情境（S）和背景（B）

在这个环节仅考虑事实。

你的服务对象已经将他们面临的健康问题告诉了你。请在笔记本上将问题的背景和情境写下来。记住，情境就是关于问题的简明扼要的陈述，而背景是指任何有用的或者重要的信息。

② 做评估（A）

评估要做的就是认真思考已知道的所有信息、面临的选择以及每种选择的限制条件。回顾你的服务对象所遇到的问题，对他面临的这种情境你会做出怎样的评估？

③ 开始回应（R）

再次回顾你做的所有评估——它们是否为你接下来的工作提供了方向？你认为下一步最合适的行动是什么？

用"如果式"问题开始你的回应，把问题变成一种可能性表述！

案例

以奥古斯丁面临的食物问题为例：

问题
"未来城-X远离地球，白天相当短，相对于地球而言，光照不足，没法种植农作物。"

情境（S）：

光照不足，无法种植农作物。

背景（B）：

新家园距离地球很远，每天的光照不仅时间更短，强度也更弱。在新家园里要养活很多人，而种植的农作物每天需要8小时的光照。

评估（A）：

- 问题非常严重。
- 在未来城-X种植食物很有必要。
- 我们无法让白天变得更长。
- 我们无法从地球运输食物到未来城-X，因为它距离地球很远。
- 我们可以找到其他的方法来制造食物。
- 我们可以找到其他的方法来提供能源。

可能性
有一位"美好未来项目组"的工程师提议："如果我们不需要借助太阳光来提供能源，那会是怎样的呢？"

写下你的"如果式"问题

把你的服务对象所面临的问题转变成一种对可能性的描述。用你获得的所有新知识，写下你的 "如果式"问题，分享你想到的关于未来城-X的健康的可能性。

案例研究

世界上最年轻的太空工程师

在食物单元中，你了解到一家叫"太空制造"的公司，它为国际空间站制造了世界上第一台可以在零重力环境下运作的3D打印机。"太空制造"公司也是未来城-X建设之初的合作伙伴，它想告诉你——"美好未来项目组"的工程师，你设计的解决方案就有可能被送往太空。

▶ 你的未来职业或许不在地球上

杰森是"太空制造"公司的联合创始人，他想告诉你——年轻的工程师，未来你真有可能在太空甚至另一个星球上工作。

杰森和未来城-X的创始人发起了一项挑战赛，寻找世界上最年轻的太空工程师。来自地球的年轻工程师们，只要为未来城-X设计过解决方案，就有机会赢得挑战。获胜者的解决方案将在空间站中由真正的宇航员使用3D打印技术制造出来。

▶ 世界上最年轻的太空工程师

9岁的詹姆斯被"太空制造"公司选中，成为世界上最年轻的太空工程师。他为未来城-X设计的解决方案被送往太空，并被国际空间站的3D打印机制造了出来。

> **想一想**
>
> 你有没有想过这样一个问题：如果你在太空中工作，那会是怎样的呢？

案例研究 /// 詹姆斯和米格尔

▶ 未来城–X面临的健康问题

一位名叫詹姆斯的男孩曾为未来城–X的居民米格尔设计过一个解决方案。米格尔从树上摔下来，手臂骨折了。

在之前的工程师简报中有关于个人问题和社会问题的知识，你还记得吗？

在断臂这个问题上，詹姆斯知道，那属于米格尔的个人问题。米格尔应该去健康服务点处理问题。但是，詹姆斯意识到，米格尔所分享的个人问题的背后是一个更大的社会问题。这个问题是关于人们如何获得紧急护理，以及如何在一个新星球的新城市里获得治疗。

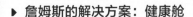

▶ 詹姆斯的解决方案：健康舱

詹姆斯从更长远的角度来思考健康问题，然后深入探索了如何解决米格尔在未来城–X面临的问题。他遵守了所有关于想象阶段的规则，最终设计出了一项了不起的发明——健康舱。

健康舱是一种通用型治疗设备，它能治愈人们身上的任何问题。它的设计考虑了有关健康的所有重要组成部分。据詹姆斯所知，看医生这件事往往耗时很久，而且容易让人有压力。所以，他设计的健康舱不仅有一个让人保持平静的按摩设施，还有一个防止饥饿的糖果机。最棒的是，健康舱行驶在过山车般的轨道上，这样人们看医生的过程总是会很有趣。

詹姆斯的健康舱是在太空中制造出来的，所以你可以看到它正飘浮在地球前方（见右图）。9岁的詹姆斯向我们证明了，未来一切皆有可能。创造美好未来可以用全新的方式，我们可以将想法以及我们自己带到新的星球上去。

健康舱（由詹姆斯B.艾卡设计）

球形景观窗
足底按摩（医生们通常压力比较大）
配药机器
M&M® 糖果贩卖机（防止饿了）
移动控制杆
Space Kid
cityproject.com/spacekid

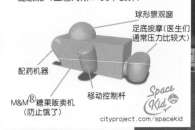

收 获

或许你未来的工作地点不在地球上。通过学习如何解决问题和如何长远思考，你将开启一个充满可能性的未来。

想象　　　　活动

在限制中创新

　　在设计解决方案时，想到在这个世界上万事皆有可能是多么有趣的一件事。我们都可以想出对每个人都有用的点子。然而，现实是我们生活在一个充满限制的世界里，它约束了我们的创新。限制可能简单到当你做三明治时花生酱用完了（限制：花生酱供应不足），也可能复杂到在医院里应该开多少药才是安全的（限制：用药太多也会让人生病）。

　　限制看上去会让事情变得更难，事实上它也会让你更有创造力。当我们在受限条件下寻找解决方案时，可能会想得更广也更大胆。

准备工作

20分钟

你需要的东西

快速学习点

限制的心理机制

　　还记得在最开始的单元1中我们做的想象练习吗？想象练习的关键是写下第一笔。写下第一笔为何如此困难？因为你的选择是无限的！你可以做任何事情！因此，你的大脑会想：万一做错了呢？是不是可以做得更好呢？

　　相比之下，在受限条件下思考就容易多了，因为你的大脑清楚需要在哪些地方集中注意力，所以大脑就不会因为看到空白页面而感到恐惧了！

未来城-X通过的新法律

本周，未来城-X通过了一项新法律，它规定所有为未来城-X设计的新的解决方案都必须能服务所有人。也就是说，所有居民，无论其能力或年龄，都可以使用新的解决方案，例如：

· 出行方式不同的人（如步行或使用轮椅的人）。

· 感知方式不同（看、听、感觉）的人（如由导盲犬辅助的盲人或戴眼镜的人）。

· 学习方式和学习速度不同的人。

· 交流方式不同的人，包括语言、手势和思想等方面。

① 思考影响

影响是指某件事情带来的结果。例如，由新法律产生的影响就是因新法律而产生的限制。

在想象解决方案时，新法律对你思考问题的方式带来了哪些影响？

先在你的笔记本上列出需要考虑的所有能力类型的居民。你可以列出哪些不同的能力类型？要考虑他们不同的思考方式、感受方式、做事方式以及表达方式。

② 改进你的"如果式"问题

你是否需要改进你的"如果式"问题？有时候，限制条件会帮助我们问出更好的问题，继而帮助你想出更棒的解决方案。

③ 想 象

为了帮助解决你的服务对象所面临的问题，请使用任何你喜欢的方法开展方案想象的活动。记住，你的解决方案需要尊重未来城-X的新法律！即每个人都可以使用你的解决方案。

挑选你最喜欢的想法

在继续之前，确保你的解决方案符合所有的限制条件：

1.所有年龄段的人都能使用。

2.各种能力类型的人都能使用。

创造  活动

来自每个人的反馈

我们往往考虑和我们相似的人会如何有效地使用我们设计的解决方案。相似的人可能是同龄人、同乡、说同一种语言的人，或者是和我们有同样能力的人。

在前面的活动中，你学习了如何在未来城-X的新限制条件下进行设计，即城市中的每个人都能使用解决方案。

在接下来的这个活动中，你将创建一个原型，再从和你不同的人那里获得对它的反馈。

准备工作

2小时

▶ **你需要的东西**　　　　　▶ **实施步骤**

你已经学会了用多种不同的方式创建模型。这些方式包括绘制草图、绘制蓝图、黏土建模，以及用身边的物品制作原型。

选择你喜欢的方式，为你的解决方案创建一个模型。

现在，你已经有了一个模型，是时候听听大家的反馈，测试你的想法了。这个活动的目的是了解与你不同的人对解决方案的看法。

① 准备持续改进页

准备好你的笔记本，准备好在"持续改进"页面上书写反馈意见。

② 向与你不同的人讲述解决方案

为此，你可能需要向你信任的成年人寻求帮助。作为一名工程师，与你平时不常结交的人对话是很重要的。在这个活动中，你的交谈对象应该是不同年龄、不同背景或不同能力的人。

基于解决方案以及服务对象的特点，某些群体的反馈可能比其他群体的更有价值。但是，至少要寻求以下3种人的反馈：一位通常不会与你交谈的人、一位比你年长的人和一位能力（请回看上一个活动的提醒）与你不同的人。

向他们解释你的解决方案，同时认真听取他们的反馈。你可以问类似这样的问题"我怎样才能把解决方案做得更好，让城市中的每个人都能使用它？"像往常一样，写下对方反馈中认为这个解决方案做得好的部分、对方的疑问，以及对方的修改建议。

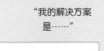

"我的解决方案是……"

③ 持续改进

根据以上提到的3种人的反馈，对你的模型进行修改。再次和其他人分享，并完成最后一轮修改。

为你的解决方案命名

你已经设计了一个适合所有人的解决方案！在"持续改进"页面的底部，画上最终版本的模型。现在，是时候给它命名了！你打算叫它什么呢？在最后一个方框旁写下名字。

分享　　　　活动

给孩子的城市设计实验室

诗意的解决方案

和别人分享想法的方法很多，但有时候分享会因为使用了大量词语而变得混乱，听众反而记不住。在接下来的活动中，你将只能用少量的文字来分享解决方案和解决方案实现后的美好未来。

在这个活动中，你将写一首关于解决方案的三行诗。每一行都有一定的字数。第一行有5个字，第二行有7个字，第三行有5个字。

准备工作

30分钟

▶ **你需要的东西**

▶ **快速学习点**

诗歌与工程学有什么关系呢？分享我们的想法是设计解决方案最重要的部分之一。如果我们的目标是创造对每个人都有用的未来，那这个未来就需要是每个人都能理解的。我们需要用词谨慎并且深思熟虑。

美国总统亚伯拉罕·林肯（Abraham Lincoln）发表葛底斯堡演讲[①]的故事，就是一个很好的例子。那次演讲是有史以来最著名的演讲之一，而且它只持续了3分钟。当时的大多数报纸都忽略了它，报纸上谈论的是另一位演讲者对同一事件发表的90分钟的演讲。当然，最终历史记住了林肯的3分钟演讲。林肯用精心挑选的有力话语，讲述了自己心中的故事，也是人人都能理解的故事。

---

①　1863 年 11 月 19 日，林肯在葛底斯堡国家公墓的揭幕式中发表演说，哀悼在美国内战中阵亡的战士。（编者注）

098

▶ 实施步骤

① **写下一个三幕式结构**

思考你为服务对象设计的解决方案，写下一个三幕式结构。用三幕式结构工具可以帮助你回顾问题、展望美好未来，并清楚陈述让美好未来实现的解决方案。

② **将每一幕写成一句诗**

将三幕式结构的每一幕写成一句诗：

· 第一行关于问题，只有5个字！

· 第二行关于未来，只有7个字！

· 最后一行写的是解决方法，只有5个字！

三行诗可以押韵，也可以不押韵。如果你愿意，可以将押韵作为额外的挑战。

③ **为你的诗配图**

为你的诗画上一张配图，把诗和画放在笔记本的同一页上，向世界分享你的诗和解决方案。

请回忆之前遇到的奥古斯丁的食物问题案例，或许可以以此为例，写下类似下面的三行诗：

日短无农物，
若无需阳光助力，
可自暗中育。

祝　贺

你帮助未来城-X创造了一个关于健康的美好未来。

美好未来
项目组

6 能 源

生活中几乎所有的事物都需要**能源**来提供动力，例如发动汽车、点亮电灯以及让工厂运转。小到做早餐、看电视，大到将宇宙飞船送往太空，都需要能源。地球上的绝大多数能源来自于从这颗星球的自然里获取的资源。但是，你还记得在环境单元中居民们的期待吗？他们希望用保护环境的方式来建设一个人人都能健康生活的未来城-X。居民们心目中的未来能源不仅要能为城市运转提供动力，帮助人类轻松实现长途旅行，而且使用的资源还要是可再生的。为了帮助实现这样的未来，你会如何设计呢？

未来城-X的居民邀请你——"美好未来项目组"的工程师，在设计未来的能源时，考虑以下3个要点。

关于能源的基本信息

要点1: 可持续

地球上的资源是有限的，这是人类需要探索其他星球的原因之一。未来城-X的居民们希望能从清洁能源中获得城市运转所需的电力。**这些清洁能源要么取之不尽，要么可以永远再生，如何实现呢？**

要点2: 存储

你知道吗？太阳在1小时内为地球提供的能量，要比人类一整年的消耗还要多。从这个角度来说，我们不是缺少能源，而是没有地方来储存如此多的能量以备后用！**如何帮助未来城-X的居民储存来自太阳的能量呢？**

要点3: 传输

就像在地球上一样，阳光可以照射到未来城-X所在的新星球。但是，能够被阳光照射到的只是新星球的一部分区域，而且这部分距离未来城-X还很远。**如果未来城-X的居民找到了储存能量的方法，他们还需要将储存起来的能量传输给城市和轨道上的宇宙飞船，如何做呢？**

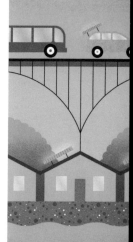

探索　　活动

一日体验

　　日常生活中的很多事物，因为司空见惯所以利用它的时候并不会去深究。例如，今天你有想过这样的问题吗？——喝的水从哪里来，谁给你做的饭，或者谁为你建的学校？

　　在接下来的这个活动中，我们将通过体验没有能源的一天，来探索日常使用的能源。

准备工作

  1天

▶ **你需要的东西**

▶ **实施步骤**

　　活动前你可能需要得到一些特别的许可。因为你要在没有能源的情况下生活一整天，这件事情听上去有点傻。最好选择周末或不需要上学的日子里进行这项活动。

　　提前做好计划！想一想，如果你不能使用能源，你将如何完成日常事务。

想一想

　　开始之前，请把你每天使用到能源的事情都想一遍。请一位信任的成年人帮忙，一起在笔记本上列出完整的清单。

① 开始你的一天

起床第一件事就是提醒自己：接下来一整天都不能使用任何能源。你的朋友或家人可能会主动提出要帮助你，例如直接帮你完成需要使用外部能源的事情。如果你接受了，那就是犯规。

② 持续记录

每当发现自己需要使用能源时，就在笔记本上做个标记。你可以在相应的类别旁打个钩。如果发现了之前没有想到的要使用能源的事，请把它们添加到列表里进行记录。

③ 寻找不一样的方法

每当需要使用能源时，就尝试找到不使用它们的替代方法。在笔记本上列出你找到的所有替代方法。也请你列出完全想不到替代方法，只能通过使用能源才能完成的事情。

反　思

不使用能源的日子有多难熬?

回顾你不能使用能源的这一天。是不是很难熬? 但对你来说，这样的日子仅仅只有一天! 你是如何在这一天里完成通常需要使用能源才能完成的任务的。在思考替代方法时，你有什么新想法?

用户调研：数据分析

　　未来城-X的每个人都在使用能源，大家的活动不同，使用能源的类型也可能不同。关于能源，我们可以收集到大量的信息。

　　"美好未来项目组"的调研团队已经收集到了相关数据。这些数据来自未来城-X的各类人群。数据包括：人们使用什么样的能源，使用多少，使用的目的，以及使用的时间。因为数据量特别大，所以调研团队使用了一套强大的计算机程序来做数据分析。通过对程序运行结果进行解读，调研团队获得了重要的发现。为了深入了解情况，调研团队还对一些居民代表做了进一步询问。以下是部分调研结果：

结　果

4小时15分钟
这是未来城-X的居民每天开灯的平均时长

15%的能源
目前来源于可再生资源，如太阳能和水能

晚间8:45
是未来城-X一天中的用电高峰，处于没有阳光照射的晚间

数据分析

　　数据是我们从各种来源获得的信息。例如，如果想知道家里每个人的年龄，他们每个人会给你一个数字，这些数字就是数据！当数字非常大或者数据量非常大的时候，理解起来就会有困难，更别说从中获取重大发现了。例如，一个城市里所有人的年龄数据。这时，我们就需要使用数据分析。它是一种常用的用户调研工具。首先，我们要把所有的数据都输入到电脑程序中，然后运行程序，最后通过程序运行的结果获得关于问题的重要答案。

　　数据分析适用于：

1.处理需要了解的大量信息。

2.信息的主要呈现形式是数字。

3.对复杂问题形成重要见解。

用户调研: 居民的观点

恩珠

"我们带来未来城-X的大容量电池快要用完了。"

罗德里戈

"我们想要继续探索外太空,但要先为飞船找到新能源。"

米丽娅姆

"未来城-X需要制定一条法律,确保使用能源的同时不污染环境。"

穆库尔

"如果能源可以取之不尽、用之不竭,不产生任何污染,还免费,那会是怎样的呢?"

达奈

"这里的冬天非常冷。"

你将为未来城-X 的哪类居民设计解决方案?

作为"美好未来项目组"的工程师,你被邀请为未来城-X的某类居民设计解决方案,你会选择为谁而设计呢?

❶ 选择以上5位中的一位作为你设计的服务对象。

❷ 你觉得这位居民表达观点时的感受是怎样的?你可以从右边的词汇中勾选,也可以用自己想出来的词汇来描述。

放松的	欢乐的
惊心动魄的	关怀的
骄傲的	怀疑的
孤独的	忧虑的

第一性原理

在思考复杂问题时，我们需要考虑方方面面的因素。如果有人要请你解决能源问题，你会从哪里开始呢？

第一性原理思维是一种将复杂的事物分解成基本组成部分的方法。当我们需要确定从哪里着手进行改进或改变，甚至找到全新方式组合这些部分时，这种思维方式会很有帮助。

在接下来的这个活动中，你将使用第一性原理思维，将你的服务对象所面临的问题分解成若干基本部分，然后选择其中一个部分进行改进，最后设计出一个解决方案。

准备工作

45分钟

▶ 你需要的东西

▶ 实施步骤

为了学习第一性原理思维，我们先以日常使用的一件物品，例如自行车为例来思考。自行车的基本部件有哪些？

金属车架、车座、踏板、车轮、链条、齿轮，此外还需要我们的脚！因为自行车的移动靠脚提供动力，从一个地方移动到另一个地方。

为了帮助我们在列清单时做进一步探究，可以问更多问题，例如"它是如何工作的"和"它能满足什么需求"。这些问题能帮助我们思考自行车的其他组成部分，例如脚以及从一个地方移动到另一个地方。

现在就请从一本书开始练习这种思维方式！一本书的第一性原理是什么？

书的组成部分有什么？近面、字、图、手、信息以及故事。

① 用第一性原理理解问题

用第一性原理来思考问题的方式跟前面的例子是一样的。我们首先要思考问题的所有组成部分。这些部分可以是实际存在的物品，例如自行车的座位和轮子，也可以是重要的事情。记得多问自己几个问题，例如"它是如何工作的"和"它能满足什么需求"。下面来看一个案例。

② 发现所有可能的第一性原理

回顾你的服务对象所面临的问题，用第一性原理的方式来思考。因为本单元中的所有居民都面临着能源方面的问题，所以你可以从这里开始！能源的第一性原理是什么？列清单时，记得考虑能源的物理部分——"能源是如何工作的"和"它能满足哪些需求"。

你的服务对象所面临的问题有什么独特之处？你还能想到哪些第一性原理？最好是和其他居民面临的问题不一样的。

③ 选择聚焦于一条第一性原理

使用第一性原理思维可以帮助我们将精力集中在解决问题的关键部分，继而产生巨大的变化。

查看你的第一性原理清单，选择一个第一性原理进行聚焦。再基于它为你的服务对象设计解决方案。

案 例

以马里奥的问题为例：

> **问题**
> "我们的家园和建筑是否可以对自然环境更加友好？"

用第一性原理进行分析

建筑

位置

重型机械

大楼

污染

材料（混凝土、木材、玻璃、化学品）

植物

动物

栖息地

居住地、工作地

写下你的"如果式"问题

把你的服务对象所面临的问题变成一种对可能性的描述。利用你获得的所有新知识，写出你自己的"如果式"问题，分享你想到的关于未来城-X的能源的可能性。

2米高的马粪

俗话说，需求是发明之母。也就是说，新想法、新创新和新发明通常源于强烈的需求。当我们真切地需要一个解决方案时，就会有更多的人更努力地投入其中。这样，解决方案才有可能被创造出来。作为"美好未来项目组"的工程师之一，你的解决方案将回应未来城–X居民的需求。

▶ 用不同的方式思考需求

在尝试寻找解决方案的过程中，人们通常会犯只关注问题的错误。作为一名"美好未来项目组"的工程师，你要学习如何思考未来愿景。专注于问题时，我们会尝试解决问题；也可能会尝试绕过问题；我们会思考问题的现状，会因为思考问题背后的原因和解决方案而感到不安甚至引发争论。但是，真正的创新者不一样，为了彻底消除问题，他们会思考未来以及不同的行动方式。

在接下来的案例研究中，我们将了解存在于世间数百万年的真实问题——粪便问题。

▶ 多少马粪才能构成危机?

多少粪便才能称得上"太多"呢?

19世纪末,世界上的大型城市都在快速发展。城市里聚集了大量的人口,人和物的运输主要依靠马匹。

马会做什么呢?它们会拉粪便。

人会拉粪便,但马会拉得更多。事实上,一匹马(仅仅只是一匹!)每天要拉大概22公斤的粪便。

19世纪末的伦敦有5万匹马,纽约有10万匹马。纽约的马一天拉的粪便比两架满载人的双层飞机还要重。

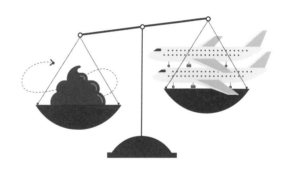

▶ 粪便太多了

城市的管理者们不知道该怎么处理这些粪便,于是粪便堆积如山。传说当时伦敦的一家报纸预测,50年后,伦敦的每条街道都会被埋在2.7米厚的粪便下。

没人知道关于报纸的预测是真是假,但粪便太多了是当时所有人的共识,人们争论该怎么办,但没人能找到解决问题的办法。

(接后页)

2米高的马粪

▶ 直到有人这么做

在前面的活动中，你刚学习了第一性原理思维。粪便问题的第一性原理很简单。问题的组成部分是什么？——马匹、大便、街道。需求是什么？——把人和物从一个地方转移到另一个地方。

借助第一性原理，有人找到了一个比马匹拉粪便更容易解决的问题，他们提出了一个美好未来的愿景——如果我们有了不需要马的交通工具，那会是怎样的呢？

不到20年的时间，粪便问题就不存在了。如今，小汽车、公交车、火车和飞机成为了主要的交通工具，将我们送往世界各地。

现在，我们都知道这些交通工具造成了严重的污染，以至于我们的地球都快窒息了。一些非常聪明的工程师已经从第一性原理出发来思考这个问题——我们关注的问题不应该是如何摆脱污染，因为摆脱污染是以制造污染为前提的；我们要思考的是用来驱动这些交通工具的能源。针对这个问题的美好未来应该是——如果汽车可以不使用化石燃料，不污染空气，那会是怎样的呢？

因此，现在电动汽车变得越来越受欢迎。你觉得再过一百年，问题又会变成什么呢？

案例研究 /// 可回收的纸尿裤

粪便问题是不是不存在了呢？不是，地球上人类的粪便还在不断堆积中。澳大利亚一家名为"gDiapers"的公司有一个想法，可能会对解决人类粪便的堆积问题有所帮助。

gDiapers要改变的是我们处理婴儿粪便的方式。他们发明了第一款可用于家庭堆肥的纸尿裤，它完全是由可降解材料制成的，用完后可以直接回归大自然。这样，垃圾桶里就再也没有脏的纸尿裤了！

但是，gDiapers的创始人金和杰克森还想做得更多，并且有个大胆的想法——"如果尿布和大便不被当作废弃物，那会是怎样的呢？"

如果人类粪便可以变成更有价值的东西，那会是怎样的呢？

gDiapers公司想要打造世界上第一款完全可回收的纸尿裤。他们将纸尿裤送到需要它们的地方，例如托儿所或医院；然后回收用过的纸尿裤；最后，他们利用先进的技术将回收来的纸尿裤（和婴儿的大便）变成电能！这就是他们设想的解决方案。

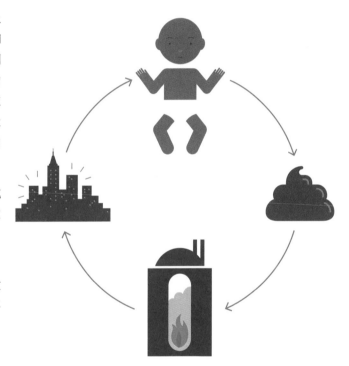

金和杰克森正在世界各地测试他们的设想，获取反馈，并持续改进流程的各个环节。

在他们对美好未来的展望中，每个人都可以免费使用这款可回收的纸尿裤，而婴儿粪便将成为世界的动力来源。

收 获

新的解决方案也会带来新的问题。但是，只要你有创造力，就可以把问题变成机会。

"这不是一个……" 游戏

你已经学会了如何在别人想法的基础上进行改进。有时候，近在眼前却从来没有被使用过的解决方案往往是最棒的。在接下来的这个活动中，你将学习一种基本的创意方法，帮助你以不同方式想象日常事物。

找几个人和你一起玩这个游戏会很有帮助，当然你也可以独自玩。

准备工作

　　10分钟

▶ 你需要的东西

▶ 实施步骤

在这个活动中，你需要一件日常用品，它是本活动中最重要的物品，可以是一把尺子、一个空纸筒、一个盒子、一个袋子，或者任何能在你的工程师工具箱里或家附近找到的东西。最好选择简单明了的东西，而不是带有图片或很多文字或细节设计的东西。

召集一两位伙伴一起玩这个游戏。和他们分享你的服务对象所面临的问题。记住，你们需要努力想象解决他们能源问题的各种方法！

① "这不是一个……"

游戏的第一步很简单！举起你选择的日常用品，认真地看它，并向世界宣布它实际上不是看上去那么简单。

然后用你富有创造力的工程师大脑，想办法用它解决你的服务对象所面临的问题，告诉你的朋友它实际上是什么。

② 把它传给朋友，并重复上一步

在玩的过程中来回传递这个物品，并提出尽可能多的想法。每个人都可以参与想象，还可以在彼此的基础上提出新的、疯狂的想法。持续进行，直到你有了至少10个想法。每个想法代表着一种利用此物品就可能解决问题的方法。

③ 记笔记

在笔记本上列出所有你们想到的解决方案。为了更好地发挥物品的作用，你完全可以对此物品的设计做修改！在每个想法的旁边写上或画上说明。

选择你最喜欢的想法

在这个单元中，我们将选择两个你最喜欢的想法，在创造阶段对其继续深化。你认为哪两个想法是最好的？

创造 —————— 活动

焦点小组

在设计解决方案的阶段，如果我们有几个不同的方案可供选择，决定最佳方案的实用方法是焦点小组访谈法。

通常来说，焦点小组的参与人数不要过多。参与者的主要工作是测试想法和给予反馈。公司经常使用焦点小组来了解人们对若干创意的喜爱程度。

在接下来的活动中，你将测试在想象阶段得到的两个你最喜欢的想法。

准备工作

45分钟

▷ 你需要的东西

▷ 实施步骤

邀请几位朋友或家人加入你的焦点小组。告诉他们你的服务对象所面临的问题，以及你目前所学到的一切。向他们展示解决方案，请他们对这两个解决方案进行反馈。

如果在想象阶段你产生了两个方案，你可以让焦点小组同时看这两个方案。如果你只有一个方案，那就先针对这个方案收集反馈，并基于反馈意见修改后形成第二版方案，然后，再请焦点小组基于方案的第二个版本给予反馈。

① 修改物品的设计

回顾你在想象阶段做的笔记。如果你需要对使用的物品进行修改，然后再让它成为解决方案模型的话，那么请先进行修改的工作。你可以使用工程师工具箱来制作模型。

记住，你有两个模型要做！如果针对一个物品，你有两个解决方案的话，你可以同时做这两个模型。如果不是这样的话，你可以稍后回到这一步来制作第二个模型。

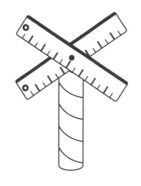

② 测试第一个解决方案

向你的焦点小组提交第一个解决方案的模型。请他们想象自己是你的服务对象，并思考这个模型将如何解决所面临的问题。他们可以提出问题，可以触摸并感受。

请使用"持续改进"页面对反馈进行记录。

③ 测试第二个解决方案

重复上面的步骤，测试第二个解决方案的模型。向你的焦点小组提出同样的问题，并仔细聆听和记录他们的反馈。

④ 得出最佳解决方案

回顾你得到的所有反馈和想法，做出一个比前两个更好的最终版的解决方案。记住，最好的解决方案往往建立在别人想法的基础上。这个最终版的解决方案甚至可以结合你之前的两个想法。

为解决方案命名

在你的笔记本上画出最佳的解决方案，并且一定要给它起个名字！

分享　　　　　活动

音乐演讲

在接下来的这个活动中，你将通过音乐来分享解决方案。别担心，你不需要去找一支完整的乐队或一名专业的歌手来配合。你需要的只是你自己和最喜欢的曲子。

▶ 快速学习点

你可能会问，音乐和分享你设计的解决方案有什么关系？想一想电视上的广告，演讲者登台前播放的音乐，甚至是植入在脑海中的产品小广告。人们运用音乐与他人分享想法是有原因的。关于音乐对人脑的影响，已经有很多研究。事实上，一些研究表明，相比于食物、说话、玩游戏甚至任何其他事物，音乐能激活你大脑的更多部位。

听音乐的时候，你的大脑实际上在做更多的工作！你能更好地思考，也更有创造力。同时因为整个大脑都在工作，所以你可以用更快、更新的方式在事物之间建立联系。

音乐之所以成为一种很好的分享方式，一方面是因为它可以让大脑产生兴奋的感觉，另一方面是它可以激发人们的感受。

准备工作

45分钟

▶ 你需要的东西	▶ 实施步骤
	开始之前，请先听一些音乐。选一首你喜欢的曲子，它可能是你在年幼时就喜欢的，也可能是伴随着美好回忆的。闭上眼睛，聆听这首曲子，听一遍就可以了。这样做是为了让大脑运转起来，感受到自己的创造力。研究告诉我们，聆听音乐产生的效果在听完之后还能持续！

1 选择一段曲子

回忆你喜欢的曲子，可以是电视节目的主题曲，或者玩具广告曲。你想到什么喜欢的曲子了吗？

你可以把它唱出来，也可以从网上找来听，总之，让它在你的脑海中变得鲜活。

2 改编歌词

想象一下，如果用同样的曲调来向全世界分享你的解决方案，那会是怎样的呢？这首曲子可以作为解决方案的广告主题曲，也可以作为使用解决方案时的背景音乐。

使用三幕式结构法来改编歌词，以此确保歌词讲述了解决方案的重要内容。

3 实 施

和家人或朋友分享你的解决方案以及你的歌曲。希望这首歌能深深地印在他们的脑海中，甚至能在一天中被反复唱起。然后，让更多的人听到你的解决方案！

祝 贺

你帮助未来城-X创造了一个关于能源的美好未来。

7 安　全

保障居民和游客的**安全**是城市管理中最重要的事情之一。社区、学校和城市都设置了各种规则，并且也有规则执行的监督者。同时，我们还有各种提醒遵守规则的标志，以及在感到受威胁时可以求助的对象。我们也会自主地保护自己，例如户外行走时会提高警惕，在规定的地方玩耍等。未来城-X的居民来自地球上的世界各地，在这里大家面临的安全问题和地球上的差异很大。你将如何设计一个安全的未来，帮助未来城-X的每个人都能和平共处，保护新家园不受危险的影响？

未来城-X的居民邀请你——"美好未来项目组"的工程师，在设计安全的未来时，考虑以下3个要点：

关于安全的基本信息

要点1: 个人安全

个人安全指如何保护自己，类似个人健康防护。当我们感到安全时，我们就能以最好的方式使用智慧和技能，建设梦想中的未来。**如何帮助未来城-X的居民感受到安全和免受伤害呢？**

要点2: 数字安全

我们都是真实的人，但任何一位使用互联网或电脑的人同时也是一位"数字人"，数字人也是我们要保护的对象。**如何帮助未来城-X的居民创造一个和现实世界一样安全甚至更安全的数字世界呢？**

要点3: 公共安全

公共安全是指潜在的、会波及很多人的危险因素。位于新星球上的未来城-X的安全，也关系着新星球的安全。在思考公共安全时，要格外留意这一点。**如何帮助未来城-X的居民能够不仅在这座城市中，也在这座城市以外的新星球的其他区域守护各自的安全呢？**

安全第一

你肯定听人说过这句话"安全第一"!

安全是生活的重要组成部分,但我们很少会注意到周围所有保护我们安全的事物。

在接下来的这个活动中,你将用一天的时间格外留意它们。

准备工作

1天

▶ 你需要的东西

▶ 实施步骤

为了完成这个活动,你不需要做任何特别的事情,只需要在一整天的时间里密切关注周围的一切!

请一位你信任的成年人来帮助你选择在哪一天进行这个活动。在这一天里,你将重点观察周围世界里的安全因素。

随身带着你的笔记本,然后像平常那样度过这一天。类似在单元1中留意交通工具那样,这次你需要留意的是周围所有可以确保你安全的事物。

① 是什么在保障你的安全

开始之前，把你能想到的所有可以保障你安全的事物都列出来。

② 观 察

在这一天中，每当你注意到了一件列表中已写上的能够保障你安全的事物时，就在那件事物旁边打一个钩。如果你发现了其他能保障你安全的事物，记得把它们添加到列表中，并跟进关注这些事情。

③ 思 考

在这一天的观察结束后，回顾所有保障你安全的因素，想想这些帮助你保持安全的人、发明，以及为你和周围人的安全设计方案的工程师们！现在你需要像那些工程师们一样思考，并设计一个保障未来城-X居民安全的解决方案。

以下提问可能有助于你列出安全清单

想一想，在以下这些场景里的安全因素有哪些：

在家里？在车子里？在大街上？在吃东西的时候？在睡觉的时候？在学习的时候？在玩耍的时候？在旅行的时候？……

反 思

在笔记本上写下你学到的关于安全的3件事，它们是你之前没有想到过的。

用户调研: 居民大会

安全是备受公众关注的议题, 往往也是城市管理者们和法律可以发挥作用的地方。人们通常容易对安全的定义达成共识, 但在关于什么能帮助实现安全方面则会意见不一。

在未来城–X, 市长试图与居民们紧密合作, 制定新的政策和法律, 特别是关于安全的政策和法律。为了知道未来城–X生活时可能存在的安全隐患, 市长举行了一次居民大会。大会上, 市长听取了居民们的意见, 并对居民们关心的问题作了回应。市长邀请未来城–X的所有人聚集在一起讨论, 城市公共安全的负责人也参与其中, 记录下大家的发言。以下是居民大会的部分成果和居民提出的一些具体难题。

结 果

12 名儿童

来到大会, 讨论儿童在玩耍以及探索城市时面临的安全问题

15 个本市街区

在过去的一个月内, 都发生过一起小事故

60名科学家

写了一封关于星球安全的联名信, 并在居民大会上进行了宣读

居民大会

居民大会是一个很好的帮助城市管理者们了解居民想法的方式, 它可以在任何安全和方便开会的地方举办。任何愿意参加的人都可以前来分享他们对某项社会问题的意见。管理者们在居民大会上的主要工作就是倾听和思考各种观点或想法之间的共同点。

居民大会适用于:

1. 管理者们了解服务对象的想法。

2. 认真倾听。

3. 和其他人共同制定规则和政策。

用户调研：居民的观点

耶利米

"我的孙辈在未来城-X 行走时是否安全？"

"听说未来城-X所处的新星球附近有小行星带，如果有小行星靠近我们的星球，该怎么办？"

赫尔加

尼考

"我想实现实时网络连接，但也想保护自己的隐私。"

"我们能否在没有警察和军队的情况下，维持社会和平呢？"

卢西亚

拉朱安达

"我在虚拟世界中上班。在那里，我该如何确保自己的安全，保护我的虚拟身份？"

你将为未来城-X 的哪类居民设计解决方案?

作为"美好未来项目组"的工程师，你被邀请为未来城-X的某类居民设计解决方案，你会选择为谁而设计呢？

❶ 选择以上5位居民中的一位作为你设计的服务对象。

❷ 你觉得这位居民表达观点时的感受是怎样的？你可以从右边的词汇中勾选，也可以用自己想出来的词汇来描述。

惊讶的　　失望的

勇敢的　　安全的

孤立的　　焦虑的

困惑的　　安心的

系统性思考

系统思维是工程师用来解决问题的特殊方式之一。这种方式不仅思考问题本身，也思考问题之间以及问题与周围世界的关系。

事实上，在这本书的学习过程中，你一直在学习它，但是却可能没有意识到它的存在！

你练习过寻找问题之间的联系，也练习过如何将问题分解成更小的部分，你还练习了如何从大处着眼进行思考。

关于系统性思维，你还没有学习到的是被"美好未来项目组"称为"系统性解决方案"的那部分。

▶ 快速学习点

系统性解决方案通常会创造出一个系统，因此不止能解决一个问题。在能源单元中，你曾了解过一家名为gDiapers的公司，他们创建的就是一个系统性解决方案。

准备工作

30分钟

给孩子的城市设计实验室

▸ 你需要的东西	▸ 实施步骤
	为了创建一个系统性解决方案，你需要同时解决两个问题。因此，你第一步是去挑选第二位服务对象。 在接下来的这个活动中，你将使用这两位居民所面临的问题： ❶ 从安全单元中选择一位居民代表。 ❷ 从环境单元中选择一位居民代表。 提醒自己要同时考虑这两位居民所面临的问题——安全单元中的居民代表和环境单元中的居民代表。忘掉你之前为环境单元设计的解决方案，这次我们要重新开始了！ 这是"美好未来项目组"的工程师们使用的最先进的问题解决方式。现在，让我们撸起袖子，运用所学，设计一个系统性解决方案。

❶ 整合两个问题

认真思考你的服务对象们面临的两个问题，在笔记本上把它们并排写下来可能会有所帮助。

在关于安全的问题上，是否有任何部分也与环境有关？回想环境的3个要点——污染、灾害和人工建造的环境。在关于环境的问题上，是否有任何部分也与安全有关？回想安全的3个要点——个人安全、数字安全和公共安全。

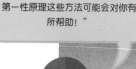

"不断提问'为什么'、4P清单或第一性原理这些方法可能会对你有所帮助！"

❷ 比较两个问题

这两个问题有什么相似点？有什么不同点？运用你已经学过的工具，认真思考这些问题。

❸ 洞　察

在你做问题的整合与比较时，要认真做笔记。完成后再看一遍，尝试找到可以将问题与系统性解决方案联系起来的地方。

写下你的"如果式"问题

将你的服务对象面临的问题转化为一种对可能性的描述。用你获得的所有新知识，写下你自己的"如果式"问题，分享你想到的关于未来城-X的未来安全状况的可能性。

案例研究

创新VS.发明

有时候，你会听到工程师将他们的解决方案称为创新或发明，有些时候，我们认为这两个词就是一个意思，就是我们想出了一些前人没有想到的东西。如此理解的话，创新或发明就真的很难！地球上有几十亿聪明人，绝大多数事情都已经被想到过啦！

了解两者的区别可以帮助你更有信心去成为一名工程师，无论你是做创新还是发明，这两者都是设计解决方案的重要组成部分。

▸ 什么是发明？

发明其实很简单，就是想出一些以前没有人做过的东西。通常发明是指运用一种新的工艺、新的材料，或者从未有过的新设想。人类第一次把石头雕刻成轮子，这就是一项发明！有人第一次用合适的金属做了一根丝，它在通电后发光了，灯泡就发明了！

发明通常是不容易的，同时也是非常令人兴奋的。

▸ 什么是创新？

创新就是在别人想法的基础上构建新的想法。作为"美好未来项目组"的工程师，你在这方面已经有了很多实践。创新者经常使用我们学过的第一性原理思维，以全新的方式将基本的部件组合在一起。创新可以发生在物体的某个部分、流程的某个环节，甚至是学校或公司的某个部门。创新改变了人们做事的方式。

一些最好的解决方案其实是两者兼而有之的！人们同时运用发明与创新，做出真正强大的解决方案。

案例研究 /// 智能手机

▶ 发明还是创新？

很多人都在使用智能手机，这些手机是发明还是创新？

我们一开始可能会认为智能手机是一种发明。毕竟，智能手机上有很多之前并不存在的新部件。但是，在智能手机上你可以做的所有事情，例如拍照、浏览互联网、打电话、发消息，都是在没有智能手机之前也可以做的。

手机本身又是一种创新。制造出第一部智能手机的人，通过整合大量的流程，改变了我们日常使用信息的方式。如今，所有的信息工具都被汇集到了我们的指尖，而不用再存在于不同的地方。

案例研究 /// 互联网

▶ 发明还是创新？

接下来，我们思考智能手机使用的具体内容，例如互联网。在互联网出现之前，人们通过纸张和胶片分享信息。通常家里会备有用来查阅文字或者信息的大部头工具书。如果要查阅的信息不在家里的书上，你可能会去图书馆查阅更多的书。当你想给某人寄一封信时，你会把信写在纸上，然后通过邮局帮你邮寄。

随着互联网的发展，信息变得数字化，不再局限于纸张。信息变得可以即时分享和检索，这让沟通变得更加迅捷和高质量。互联网代表了从未存在过的全新的流程、全新的材料和全新的想法。它可能是人类历史上最重要的发明。

收 获

作为一名"美好未来项目组"的工程师，在解决未来城-X面临的问题时，你既可以发明又可以创新。

跳出盒子思考

突破条条框框的思考又被称为"跳出盒子思考"，它是进行设想的最好方法之一。接下来，我们将尝试这个方法，为你所服务的居民设计出解决方案。

准备工作

45分钟

▶ 你需要的东西

▶ 点子游戏

你能把这些点连起来吗？

为了跳出盒子思考，让我们尝试一个小小的脑筋急转弯。在笔记本的一张空白页的中央画上9个点，就像你在右图看到的那样。

现在，试着把所有的点连接起来，记得用一笔完成，并且只能用到4条线，这些线必须相互连接，不能断开。

来吧！试试看吧！

如果你找到了方法，或者试了5次之后仍然无法完成，就请继续往下读。

一个提示

你找到方法了吗？如果没有，这里有一个提示。

破解点子游戏需要使用"跳出盒子"的思考方式。不要只关注9个点本身，更多地去关注问题和其他人可能会尝试的解决方案。你需要看看问题周围的世界，并利用这些额外的空间来得出答案。

这和你想象一个新的解决方案来应对居民们的问题是一样的。

记住，你要考虑两位居民的问题，为安全问题和环境问题创造出一个系统性解决方案。

给孩子的城市设计实验室

① 选择你的武器

现在你已经是想象解决方法的专家了。我们已经学了足够多的思考问题的方法。选一种你最喜欢的方法来提出新想法。从列清单、使用便签、画图、散步等方法中任选一种都可以，只要对你拓展思维有所帮助就行。

② 跳出盒子思考

在前面的单元中提到了将婴儿粪便转化为动力的系统性解决方案，你还记得这个案例吗？那里使用的就是跳出盒子的思考方式！想象尽可能多的方法来解决你的服务对象的问题。你可以设计一个系统性解决方案，用它同时解决两个问题。

如果你需要帮助，试试以下练习：

1. 环顾四周，在房间里找到3件物品，不限类型。

2. 玩在能源单元中学到的"这不是一个……"游戏。

3. 想象这些物品将如何变成独特的解决方案。

③ 系统性检查

选择一个或两个你最喜欢的想法，然后检查它们是否真的是系统性解决方案，即你的解决方案是否建立了一个系统，并能同时解决两个问题。

选择你最喜欢的想法

点子游戏的解决方案

选择你最喜欢的系统性解决方案，然后进一步完善设计吧！

创造 活动

工程师的选择

到目前为止，你已经掌握了足够多的方法，来创建和测试你的解决方案的模型。在接下来的活动中，你将比较所学到的不同创建方法，并决定哪种方法最适合为你的服务对象设计出一个系统性解决方案。

准备工作

30分钟

▶ 你需要的东西	▶ 实施步骤

回顾你最喜欢的解决方案，准备好工程师工具箱，以备不时之需。

① 优点和缺点

　　首先，回顾你做过的所有创建模型的活动、你已经使用过的各种创建模型的方式。在笔记本上列一个创建模型的工具清单，再在右侧增加两列，一列上方标"+"，一列上方标"−"。

　　当工程师面临多种选择时，为了决定应对问题的最佳选择，他们会使用批判性思维。具体来说，他们会先思考每一种创建模型工具的优缺点，或者自己喜欢或不喜欢的地方。将积极的部分记录在"+"列，将消极的部分记录在"−"列。是什么让这项创建模型的方式变得容易实现？又是什么让它变得困难？

② 选择最好的创建模型的方式

　　作为一名有经验的"美好未来项目组"的工程师，现在可以选择你认为最好的方式来创建解决方案的模型了。哪种方式最有利于展示你的想法的内涵？哪种方式最有利于展示你的想法是如何发挥作用的？

　　选择适宜的方式，制作出第一版的模型。

③ 持续改进

　　从朋友或信任的成年人那里寻求反馈——做得好的地方、有疑问的地方和需要修改的地方。改进你的模型，再次获得反馈，然后制作最终版本的模型。

为解决方案命名

基于所有的反馈，做出最后一个版本的模型。你将如何称呼这个解决方案呢？

高光时刻

　　这是你成为"美好未来项目组"正式工程师之前的最后一个活动，这也是独属于你的高光时刻。

　　是时候检验你所学到的所有知识了，并且在这个项目中，最后一次与世界分享你的智慧。

　　在接下来的这个活动中，你将使用迄今所学的所有工具，包括如何讲好关于解决方案的故事，如何在故事中融入你的服务对象，以及用人们能够理解和记住的各种方式进行分享。

　　你的最后任务是制作一段2分钟的视频，用讲故事的方式分享你为未来城–X的安全问题设计的解决方案。

准备工作

3小时

▶ 你需要的东西	▶ 实施步骤

　　如果你没有相机或者可以录制视频的手机，可以先完成下一页的所有任务。请注意，在这种情况下，你的最后一步工作就不是录制，而是表演给你的朋友或家人看！

① 三幕式结构

我们将从三幕式结构开始，在你的笔记本上书写三幕式结构。

② 故事板

想象一下，如果这是一个广告或短视频，你会如何讲述这个故事？不同的场景会是怎样的？如果你需要提示，可以翻阅交流单元中的分享活动。

在笔记本上画出你的视频的故事板。

③ 角色扮演

写下你的剧本！你将在视频中说的台词是什么？你会邀请朋友或家人一起出镜吗？有人可以扮演你的服务对象吗？

④ 电视广告

写一句简短的、用来介绍解决方案的广告语。你可以在视频的开头或结尾加入这句话。

⑤ 记　录

请一位你信任的成年人帮助你录制视频。在这之前，可以先做几次练习。练习的内容包括你将在视频里要说的话、做的动作，以及如何展示解决方案模型、如何演示等。熟能生巧，多练习几次会有助于你在录制的时候发挥得更好！

完成视频录制之后，可以自己先看一遍。你做得怎么样？这就是一个"美好未来项目组"的工程师该有的样子。

祝　贺

你解决了未来城-X的安全问题。现在你已经正式成为"美好未来项目组"的工程师啦！

结 束 语

发信人: 未来城-X的市长

亲爱的地球公民们:

    我们已经收到了你们设计的解决方案,并开始在未来城-X的建设过程中进行运用。我们的居民为你们富有创意、美感和深度的方案感到兴奋,也为即将到来的新家园的生活感到兴奋。感谢你们贡献智慧和汗水。在完成七大社会问题挑战的同时,你们证明了自己的能力,也学到了很多关于如何探索、分析、想象、创造和分享解决方案的知识。欢迎你们随时前往未来城-X,希望很快能在这里见到你们。

    我们在未来城-X面临的问题和你们在地球上面临的问题很相似。希望你们也能用学习到的新技能来改善你生活的地方。你们了解这些问题,你们拥有让改变发生所需的工具、知识以及技术。你们真正需要的是全身心的投入——包括你们的愿景、想法、创造力以及你们为所有问题设计的解决方案。

    很荣幸能正式任命你为"美好未来项目组"的工程师。

    未来城-X的未来,也是人类的未来,它就在你的手中。

美好未来
项目组

正 式
工程师

你的美好未来是什么?

现在你已经是一名正式的"美好未来项目组"的工程师了,是时候创造你想看到的未来了。这本书和它的所有课程,就是你的工具箱。请好好利用它们。

"美好未来项目组"是真实存在的,他们由一群来自世界各地的人组成,有年轻的、有年长的,来自不同国家,他们都有个共同点——正在努力建设一个可以实现的美好未来。欢迎你加入我们。

当你准备在你的生活中实践你学习到的新技能时,请记住以下3个步骤:

1. 在你的生活中选择一个你想改变的场景,在这个场景中找到一个你关心的问题。

2. 想象你将要创造的未来的模样,将你的问题转变成一种可能性表述。

3. 让这个未来场景发生。使用所学的新技能与他人分享你的愿景,并将其变为现实。

让我们在未来相遇!

联系更多 "美好未来项目组" 的工程师吧!

IRRESISTIBLEFUTURES.ORG

下　载	分　享	更多学习
在课堂上运用本书涉及的 免费教学材料	你关于未来的愿景以及 学习本书后创造的成果	关于未来城–X以及 如何成为未来工程师

如果你使用社交媒介，欢迎在你喜欢的平台上分享学习本书后所产生的创意和成果。

致　谢

"CITY X"项目（本书译为"未来城-X"）成立于2012年底。当然，它不是一个实体城市，而是一个虚拟的地方，在那里，全世界的年轻人都可以设计自己的未来。这个创意缘起于我在家乡——美国威斯康辛州时，与一群四年级学生举办的一系列带有实验性质的工作坊。这些工作坊最终发展成了现在的"未来城-X"项目。作为一门关于如何解决问题的课程，"未来城-X"项目至今已在超过75个国家落地，被数十万孩子、用十几种语言使用过。

通过"未来城-X"项目，我们试图创造一个故事，也是一个世界。在那里，每个人都能看到自己的未来城-X。这个未来城-X可以是任何城市、任何地方。其中的角色代表了我们生活中所有的人，具有不同背景、文化、身份和能力的人。我们与世界各地的伙伴合作，精心打造了一个在各种"现实"中久经考验的学习体验，从美国阿拉斯加的苔原到香港的大都市，再到位于黎巴嫩的山顶儿童之家。我们的课程甚至离开地球去到了国际空间站，培养出了世界上最年轻的太空工程师，正如你在这本书中了解到的那样。

"未来城-X"项目的创建历程也是一段全新的创造旅程。我们正是运用本书中的工具、流程和方法建立了未来城-X。在此，要特别感谢这座虚拟城市的其他两位创始人，利比-法尔克（Libby Falek）和马修-斯特劳布(Matthew Straub)。为了构建这个新世界，利比、马修和我经历了无数个深夜和几十万公里的飞行里程。利比是整个项目的领导者，正是她的想法、动力和人脉才有了"未来城-X"项目。马修用各种方式讲述了关于这个世界的故事，从拍摄照片到新闻报道，你会在本书中看到来自他的一些照片。利比、马修，感谢与你们共同打造这个世界的经历，因为你们才有了现在可以分享的经验。同时，也感谢你们对我的信任，是你们的信任，让我在原版项目的基础上，以一种全新的方式赋予"未来城-X"项目新的生命力。

在cityxproject.com网站上，我们向全球的教育工作者开放了"未来城-X"项目的原版课程教育资源。

布雷特·席尔克

关于作者

布雷特·席尔克（BRETT SCHILKE）是一位故事讲述者、课程设计师和教育家。他打造的体验重新定义了面向未来的学习方式。他用非成人的方式做着超级成人的事情，比如在大学里教书、设计博物馆、帮助世界各地的政府和学校改变人们的学习方式等。在做这些事情的同时，他还扮演着各种角色，结交各种朋友，为他的同事们举办单曲舞会等。

布雷特目前居住在美国加州的帕洛阿尔托。

个人网站：**brettschilke.com**